Im Januar 1961 erschien

Praktikum der Papierchromatographie

Anleitung zu Übungen
in der papierchromatographischen Untersuchung
pflanzlicher Inhaltsstoffe

Von

H. F. Linskens

Botanisches Institut der Universität Nijmegen/Niederlande

und

L. Stange

Institut für Entwicklungsphysiologie der Universität Köln

Mit 27 Abbildungen. VIII, 50 Seiten 8⁰. 1961

Broschiert mit Kunststoff-Spiralheftung DM 9,80

SPRINGER-VERLAG · BERLIN · GÖTTINGEN · HEIDELBERG

Zu beziehen durch

LANGE & SPRINGER, Wissenschaftliche Buchhandlung

Berlin-Wilmersdorf, Heidelberger Platz 3

Professor H. F. Linskens, der Herausgeber der „Papierchromatographie in der Botanik", und Dr. Luise Stange, Mitarbeiterin von Professor Calvin (Berkeley), haben ihre reichen Unterrichtserfahrungen auf dem Gebiete der Papierchromatographie in einer „Handleitung" für den Gebrauch der Studierenden zusammengestellt. Das Bändchen folgt der guten Erfahrung, die man mit der ins Detail gehenden Aufstellung aller benötigten Geräte, Chemikalien und des Pflanzenmaterials gemacht hat. Daran schließt sich die bis zu den einzelnen Handgriffen beschriebene Arbeitsanleitung, so daß bei sorgfältiger Beachtung das Gelingen der Versuche gewährleistet ist.

Die Übungen sollten in der dargestellten Reihenfolge ausgeführt werden, da sie sich in der Kompliziertheit steigern und dabei zugleich neue Stoffgruppen dem Experimentator erschließen. Nach Durcharbeiten ist man mit allen wichtigen papierchromatographischen Techniken für die biochemische Analyse vertraut. Detaillierte Angaben des Zeitbedarfs für die Teilmanipulationen gestatten einen Einbau des „Praktikum der Papierchromatographie" in bereits bestehende Pflanzenphysiologische oder Biochemische Praktika, aber auch eine Durchführung in Arbeitsgemeinschaften und im Selbststudium.

Neuartig sind an diesem „Kochbuch der Papierchromatographie" folgende Punkte:

1. Jedes Bändchen enthält Vordrucke und Formulare für die Versuchsauswertung. Das Durcharbeiten des Praktikums ist daher zugleich eine Anleitung zur Protokollführung bei Experimenten.

2. Am Ende jeder Übung sind Fragen gestellt, deren Beantwortung ein Mitdenken erzwingt und die experimentelle Arbeit vertieft.

3. Das Praktikum ist spiralgeheftet; es ist daher auch bei geringem Raum am Arbeitsplatz praktisch zu handhaben und schlägt nicht zu.

4. Am Ende des Bändchens ist ein Gutschein angeheftet, der an einen der angegebenen Hersteller von chromatographischen Spezial-Papieren eingesandt werden kann und zum kostenlosen Bezug einer Mustersammlung für die Durchführung des Praktikums berechtigt.

Das „Praktikum der Papierchromatographie" soll der Intensivierung des Unterrichtes dienen und gleichzeitig die Lehrkräfte entlasten. Das durchgearbeitete Praktikum ist zugleich ein wertvolles Nachschlageheft für andere Aufgabenstellungen.

INHALTSÜBERSICHT

1. Übung: Der Trennprozeß
   Beobachtung des Trennvorganges. Einfluß der Papierqualität auf den Trennvorgang. Einfluß des Trennmittels auf die Trennung.
2. Übung: Eindimensionales Chromatogramm; Einfluß von Zuschnitt und Temperatur; quantitative Bestimmung von Aminosäuren
   Der Einfluß des Papierzuschnittes. Einfluß der Temperatur. Quantitative Bestimmung: Bestimmung nach der Fleckengröße, Photometrische Bestimmung.
3. Übung: Zweidimensionales Chromatogramm mit Vergleichssubstanzen, Aminosäuren
4. Übung: Rundfilter-Technik, Zucker
5. Übung: Photogramm-Technik, Nucleinsäuren
6. Übung: Extraktion und Hydrolyse (Polysaccharide, Proteine)
7. Übung: Bioautographie, Doppelchromatographie, Wuchsstoffe
8. Übung: Fluorescenznachweis, Flechtensäuren
9. Übung: Farbstofftrennung
   Trennung von Chloroplasten-Farbstoffen. Trennung von Chymochromen.
10. Übung: Plattentest, Antibiotica
11. Übung: Alkaloide
12. Übung: Autoradiographie

Ferner wird hingewiesen auf

Papierchromatographie in der Botanik

Herausgegeben von

H. F. Linskens

Zweite, erweiterte Auflage
Mit 124 Abbildungen und 2 Farbtafeln. XVI, 408 Seiten Gr.-8°. 1959
Ganzleinen DM 58,—

Inhaltsübersicht

Allgemeiner Teil: Theorie der Papierchromatographie. Von G. A. J. VAN OS. — Einrichtung eines papierchromatographischen Laboratoriums. Von H. F. LINSKENS. — Techniken. Von H. F. LINSKENS. — Papiere. Von H. F. LINSKENS. —

Aufbereitung. Von H. F. LINSKENS. — Auftragen und Trocknen. Von H. F. LINSKENS. — Fehlerquellen. Von H. F. LINSKENS. — Auswertung und Dokumentation. Von H. F. LINSKENS. — Isotopentechnik. Von B. D. SANWAL. — Spezieller Teil: Anorganische Kationen und Anionen. Von H. SEILER und B. PRIJS. — Kohlenhydrate. Von L. STANGE. — Organische Säuren. Von H. SCHWEPPE. — Flechtensäuren. Von C. A. WACHTMEISTER. — Phosphatide und komplexe Lipide. Von U. BEISS. — Proteine und ihre Bausteine. Aminosäuren. Von H. DÖRFEL. — Peptide. Von H. DÖRFEL. — Proteine und Proteide. Von H. F. LINSKENS. — Enzyme. Von H. F. LINSKENS. — Nucleinsäuren und ihre Bausteine. Von K. FUJISAWA und K. MAKINO. — Pflanzenviren. Von H. W. J. RAGETLI und J. P. H. VAN DER WANT. — Farbstoffe. Die Chloroplastenfarbstoffe. Von A. HAGER. — Zellsaftlösliche Pigmente (Anthocyane und Flavonoide). Von R. HÄNSEL. — Wirkstoffe. Wachstumsregulatoren und verwandte Stoffe. Von S. P. SEN. — Vitamine. Von G. MARTEN. — Hemmstoffe. Antibiotica. Von S. YAMATODANI. — Toxine. Von H. R. HOHL. — Aldehyde und Ketone. Von H. F. LINSKENS. — Phenolische Verbindungen und Gerbstoffe. Von H. F. LINSKENS. — Organische Basen. Amine. Von E. STEIN VON KAMIENSKI. — Alkaloide. Von A. ROMEIKE. — Sterine, Steroide und verwandte Verbindungen. Von H. MACHLEIDT. — Fachausdrücke der Papierchromatographie. Von H. F. LINSKENS. — Literatur zu einzelnen Beiträgen. — Sachverzeichnis.

Aus den Besprechungen

... Das Werk bietet nicht nur eine hervorragende Einführung in das papierchromatographische Arbeiten, sondern darüber hinaus die Möglichkeit, an Hand der gegebenen umfassenden Angaben Papierchromatogramme entsprechend anzufertigen und zu deuten. Damit wird dem Leser das bisher so schwierige Gebiet der Untersuchung verschiedener Galenika mit einfachen Mitteln erschlossen. Der besondere Wert des Werkes liegt darin, daß exakte Vorschriften über die Methode, die verwendeten Lösungsmittelgemische und Entwicklungsreagentien gegeben werden, ohne daß auf die entsprechende Originalliteratur zurückgegriffen werden muß. Damit eignet sich das Werk nicht nur zur Einführung in die papierchromatographische Arbeitsweise, sondern vermittelt auch den Fortgeschrittenen viel neue Anregung.

Das Werk ist ausgezeichnet zusammengestellt und aus der verwirrenden Vielzahl der Methoden sind mit glücklicher Hand von den Bearbeitern die besten ausgewählt worden. Dem Werk ist eine weite Verbreitung zu wünschen, da man auf jeder Seite die große praktische Erfahrung der Verfasser spürt...

Deutsche Apotheker-Zeitung

SPRINGER-VERLAG · BERLIN · GÖTTINGEN · HEIDELBERG

PRAKTIKUM
DER PAPIERCHROMATOGRAPHIE

ANLEITUNG ZU ÜBUNGEN IN DER
PAPIERCHROMATOGRAPHISCHEN UNTERSUCHUNG
PFLANZLICHER INHALTSSTOFFE

VON

H. F. LINSKENS   LUISE STANGE
UNIVERSITÄT NIJMEGEN   UNIVERSITÄT KÖLN
BOTANISCHES INSTITUT   INST. FÜR ENTWICKLUNGSPHYSIOLOGIE

MIT 27 ABBILDUNGEN

SPRINGER-VERLAG
BERLIN · GÖTTINGEN · HEIDELBERG
1961

Alle Rechte, insbesondere das der Übersetzung in fremde Sprachen, vorbehalten.
Ohne ausdrückliche Genehmigung des Verlages ist es auch nicht gestattet, dieses
Buch oder Teile daraus auf photomechanischem Wege (Photokopie, Mikrokopie)
zu vervielfältigen.

© by Springer-Verlag oHG. Berlin · Göttingen · Heidelberg 1961

ISBN -13:978-3-540-02720-1   e- ISBN - 13:978-3-642-87904-3
DOI:10.1007/978-3-642-87904-3

Die Wiedergabe von Gebrauchsnamen, Handelsnamen, Warenbezeichnungen usw. in diesem Werk berechtigt auch ohne besondere Kennzeichnung nicht zu der Annahme, daß solche Namen im Sinn der Warenzeichen- und Markenschutz-Gesetzgebung als frei zu betrachten wären und daher von jedermann benutzt werden dürften.

Druck der Universitätsdruckerei H. Stürtz AG., Würzburg

Vorwort

Die papierchromatographische Technik gewinnt steigend an Bedeutung für die Untersuchung pflanzlicher Stoffe und Stoffwechselprozesse. Sie vermittelt mit geringem apparativem Aufwand Zugang zu biologischen Problemen.

Diese Anleitung ist für die Hand des Studierenden gedacht. Nach Durcharbeiten der 12 Übungen in der dargestellten Reihenfolge soll der Experimentator in der Lage sein, die Methodik der Papierchromatographie auf Grund der gewonnenen Erfahrungen und mit Hilfe der speziellen Literatur sinnvoll zur Lösung eines Problems einzusetzen. Es ist die Absicht, die Möglichkeiten und Grenzen der Papierchromatographie sichtbar zu machen.

Die Anlage der Handleitung soll auch bei beschränkter Zeit und mit einfachen Mitteln ein sicheres Arbeiten ermöglichen: Alle Versuche sind der Unterrichtspraxis entnommen; die Protokoll-Führung wird durch Vordrucke erleichtert; eine abschließende Frage soll dem Unterrichtenden eine Kontrolle der aktiven Mitarbeit bzw. beim Alleinstudium eine Selbstkontrolle ermöglichen.

Es kann nicht die Aufgabe dieses Praktikums sein, die theoretischen Zusammenhänge aufzudecken und die Vielfalt der Anwendungsmöglichkeiten auszuschöpfen. Dazu sei auf die besonderen Monographien verwiesen. Das „Praktikum" baut auf die zusammenfassende Darstellung

„Papierchromatographie in der Botanik" (2. Auflage, 1959, Springer-Verlag: Berlin-Göttingen-Heidelberg)

auf. Hier können die ausführlichen Literaturnachweise gefunden werden.

H. F. Linskens   L. Stange

Nijmegen und Köln, im Sommer 1960

Inhaltsverzeichnis

Erste Übung

Der Trennprozeß 1
  A. Beobachtung des Trennvorganges 1
    Aufgaben 3
  B. Einfluß der Papierqualität auf den Trennvorgang 3
    Aufgaben 4
  C. Einfluß des Trennmittels auf die Trennung 4
    Aufgabe 5
    Literatur 5

Zweite Übung

Eindimensionales Chromatogramm; Einfluß von Zuschnitt und Temperatur; quantitative Bestimmung von Aminosäuren 5
  Arbeitsvorschrift 7
  A. Der Einfluß des Papierzuschnittes 7
    Aufgaben 8
  B. Einfluß der Temperatur 8
    Aufgaben 9
  C. Quantitative Bestimmung 10
    α) Bestimmung nach der Fleckengröße 11
      Aufgabe 11
    β) Photometrische Bestimmung 12
      Aufgabe 12
      Literatur 13

Dritte Übung

Zweidimensionales Chromatogramm mit Vergleichssubstanzen 13
  Arbeitsvorschrift 14
  Aufgaben 16
  Literatur 17

Vierte Übung

Rundfilter-Technik, Zucker 17
  Arbeitsvorschrift 18
  Aufgaben 20
  Literatur 20

Fünfte Übung

Photogramm-Technik. Nucleinsäuren 21
  Arbeitsvorschrift 22
  Aufgaben 25
  Literatur 25

Sechste Übung

Extraktion und Hydrolyse 26
    Arbeitsvorschrift 26
    Aufgaben 28
    Literatur 29

Siebente Übung

Bioautographie, Doppelchromatographie, Wuchsstoffe 29
    Arbeitsvorschrift 30
    Aufgaben 33
    Literatur 35

Achte Übung

Fluorescenznachweis, Flechtensäuren 35
    Arbeitsvorschrift 36
    Aufgabe 38
    Literatur 38

Neunte Übung

Farbstofftrennung 39
    A. Trennung von Chloroplasten-Farbstoffen 39
        Arbeitsvorschrift 39
        Aufgaben 40
        Literatur 41
    B. Trennung von Chymochromen 41
        Arbeitsvorschrift 41
        Aufgaben 42
        Literatur 42

Zehnte Übung

Plattentest, Antibiotica 42
    Arbeitsvorschrift 43
    Aufgaben 46
    Literatur 46

Elfte Übung

Alkaloide 46
    Arbeitsvorschrift 47
    Aufgaben 48
    Literatur 48

Zwölfte Übung

Autoradiographie 48
    Arbeitsvorschrift 49
    Aufgabe 50
    Literatur 50

Gutschein für den Bezug von Spezialpapieren für die Papierchromatographie am Schluß des Textes

Abbildungsnachweis

Abb. 1 aus: Seltene Naturstoffe, Bd. 4. Karlsruhe: Fluka-Buchs, C. Roth 1959/60.

Abb. 2, 13 aus: PAECH-TRACEY, Moderne Methoden der Pflanzenanalyse, Bd. I, Beitrag HELLMANN. Berlin-Göttingen-Heidelberg: Springer 1956.

Abb. 4, 22 aus: Papierchromatographie in der Botanik, 2. Aufl. Berlin-Göttingen-Heidelberg: Springer 1959.

Abb. 17, 19, 20 aus: LINSER-KIERMAYER, Methoden zur Bestimmung pflanzlicher Wuchsstoffe. Wien: Springer 1957.

Abb. 26 aus: TURBA, Chromatographische Methoden in der Proteinchemie. Berlin-Göttingen-Heidelberg: Springer 1954.

Abb. 23 aus: HOPPE-SEYLER-THIERFELDER, Handbuch der physiologisch- und pathologisch-chemischen Analyse, 10. Auflage, Bd. 1. Berlin-Göttingen-Heidelberg: Springer 1953.

Erste Übung

Der Trennprozeß

Geräte. Chromatographie-Kammer (Herstellung: ein Glasrohr von 400 mm Länge und 80 mm lichter Weite wird oben und unten mit einem paraffinierten Korken abgeschlossen. Der untere Korken wird auf ein Brett aufgenagelt, um der Kammer eine bessere Standfestigkeit zu geben. Der obere Korken wird mit einem Korkbohrer durchbohrt, ⌀ etwa 22 mm. In das Loch wird ein kleiner Korken eingesetzt, durch welchen ein Stahldraht hindurchgeht, der an seinem unteren Ende 2 Haken hat; Abb. 1/I); 2 Korken ⌀ 8,5 cm; 1 Korken ⌀ 2,5 cm; 1 V4a-Draht ⌀ 1,5 mm etwa 25 cm lang; 1 Glasschale ⌀ etwa 70 mm mit etwa 3 cm hohem Rand; 1 Reagensglasgestell mit 8 Reagensgläsern; 8 Korken ⌀ 2 cm; 1 Schütteltrichter mit Hahn; 1 Stativ mit Ringklemme; 1 Meßzylinder 100 ml; 1 Meßpipette 25 ml; 1 Meßpipette 0,1 ml; Korkbohrer; Messer; Kneifzange; Papierschere; Lineal; Fön.

Papiere. Ein Bogen 280 × 60 mm mittlerer Qualität; je ein keilförmiger Streifen, 13 cm lang, oben 2 cm, unten 1 cm breit von schnell-laufendem, mittlerem und langsam-laufendem Papier (Tabelle 1); 5 fertige Keilzuschnitte; Fließpapier.

Tabelle 1

Papiersorte	Laufgeschwindigkeit (Papierqualität)		
	schnell (weich)	mittel	langsam (hart)
„Ederol" ..... Nummer	201	208	214
„MN" ...... Nummer	260	261	263
„Selecta" ..... Nummer	2040	2043	2045
„Whatman" ... Nummer	4	1	2

Chemikalien. n-Butanol, Eisessig, destilliertes Wasser, Paraffingemisch (10 Teile festes Paraffin, Schmelzpunkt 52/54° C, 9 Teile Bienenwachs, 1 Teil venezianisches Terpentin), 0,1%ige alkoholische Lösungen von Methylenblau und Bromthymolblau, grüne Tinte, blaue Tinte (Eisengallustinte), Natriumchlorid, Phenol p. a., Methyläthylketon, tert.-Natriumcitrat, 5%ige Ammoniak-Lösung.

Zeitbedarf. Für A. Vorbereitung etwa 60 min, Trennung etwa 12 bis 14 Std; für B. etwa 1 Std; für C. etwa 1 Std.

A. Beobachtung des Trennvorganges

Vorbereitung des Chromatogramms. Die Oberfläche des Arbeitstisches wird mit einem sauberen Bogen Fließpapier abgedeckt. Bei der Bearbeitung des Chromatogramm-Papiers ist darauf zu achten, daß die Flächen, auf denen sich der Trennprozeß vollziehen soll, nicht mit den Fingern berührt werden. Bogen daher nur am Rand anfassen. Der Bogen von 280 × 60 mm soll so ausgeschnitten sein, daß die Hauptfaserrichtung quer zur künftigen Laufrichtung liegt. 4 cm von der unteren Papierkante wird mit Bleistift eine dünne Linie gezogen (Startlinie); auf dieser werden mit 2 cm Abstand von-

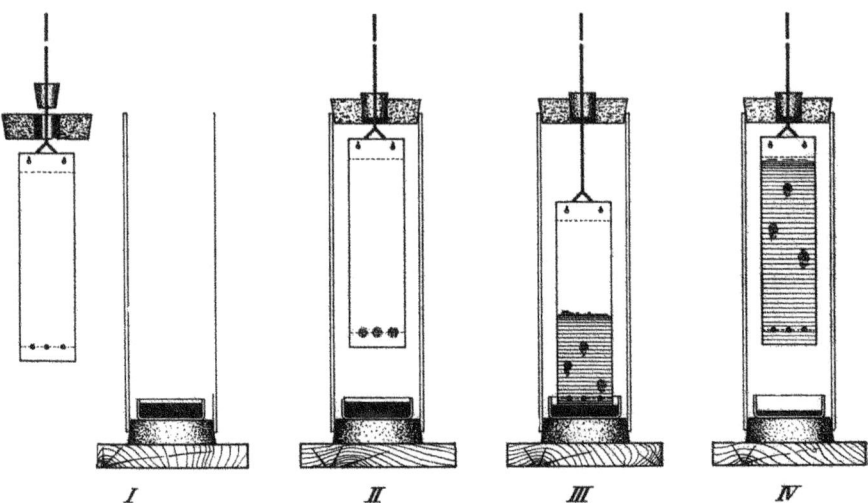

Abb. 1. Einfache Chromatographie-Kammer für die eindimensionale, aufsteigende Trennung

einander 3 Startpunkte markiert (Abb. 1/I) und unterhalb der Startlinie mit A, B und C bezeichnet. Auf die Startlinie werden
  bei A: 0,01 ml Methylenblau-Lösung,
  bei B: 0,01 ml Bromthymolblau-Lösung,
  bei C: nacheinander mit einer Eintrockenpause 0,01 ml Methylenblau- und 0,01 ml Bromthymolblau-Lösung
aufgetragen. Pipettenspitze auf den Startpunkt aufsetzen, oben geschlossen halten, bis Volumen ausgeflossen ist. Die Startflecken dürfen nicht größer als bis zu einem Durchmesser von 6 mm auslaufen.

Herstellung des Trennmittels. Auf den unteren Korken wird eine Petri-Schale gestellt, in die 50 ml Fließmittel eingefüllt werden. Dieses wird in einem Schütteltrichter hergestellt aus n-Butanol—Eisessig—destilliertem Wasser im Volumenverhältnis 5:1:2.

Trennung. Nach Überstülpen des Glasrohres wird der Papierstreifen an den Haken gehängt und mit dem oberen Korken in die Kammer eingebracht (Abb. 1/II). Durch Niederdrücken des Hakenhalters wird sodann der Streifen in das Fließmittel-Gefäß etwa 2 cm tief eingetaucht: Die Trennflüssigkeit beginnt in dem Papier hochzusteigen (Abb. 1/III). Dabei nimmt sie zunächst die Substanzen von den Startpunkten mit.

Aufgaben

1. Zeichne die Lage der Farbflecken maßstabgerecht mit Farbstiften in die untenstehenden Schemata nach 30 min, 1 Std, 3 Std, 6 Std und 12 Std.

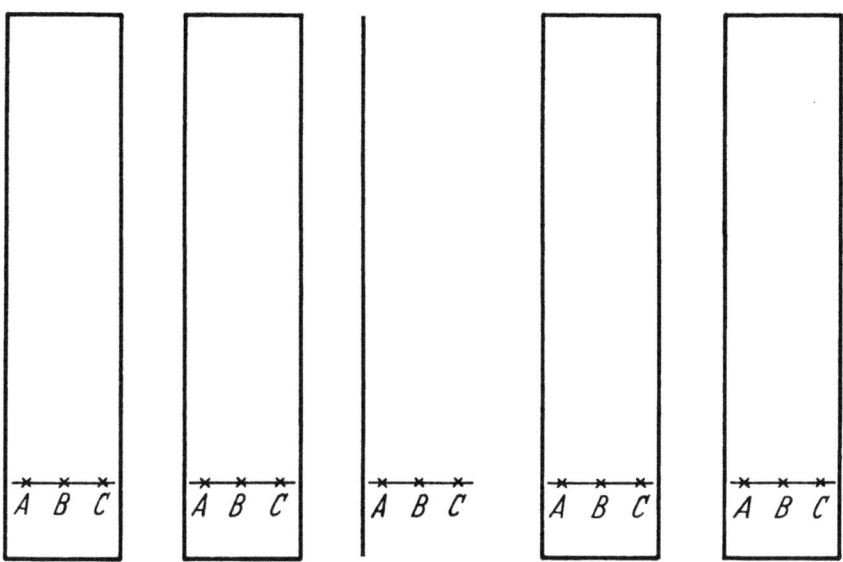

2. Ermittle die R_F-Werte der Farbflecken durch Ausmessen mit dem Lineal nach Abschluß des Trennprozesses und Trocknen des Papiers (Tabelle 2). Der R_F-Wert ist der Quotient gebildet aus der Laufstrecke Startpunkt—Fleckenmitte durch Startpunkt—Lösungsmittelfront (Abb. 2).

Tabelle 2

	Substanz allein		Gemisch (C)	
	blau (A)	gelb (B)	blau	gelb
R_F-Wert				

B. Einfluß der Papierqualität auf den Trennvorgang

Auf das Reagensglas-Gestell werden 3 saubere Reagensgläser aufgesetzt und mit (1), (2) und (3) beschriftet. Die zugehörigen Korkstopfen werden am dünneren Ende in der Mitte etwa 1 cm tief eingeschnitten. Mit der Pipette werden in jedes Glas 2 ml des Trennmittels (s. unter A) eingefüllt (vgl. Abb. 3).

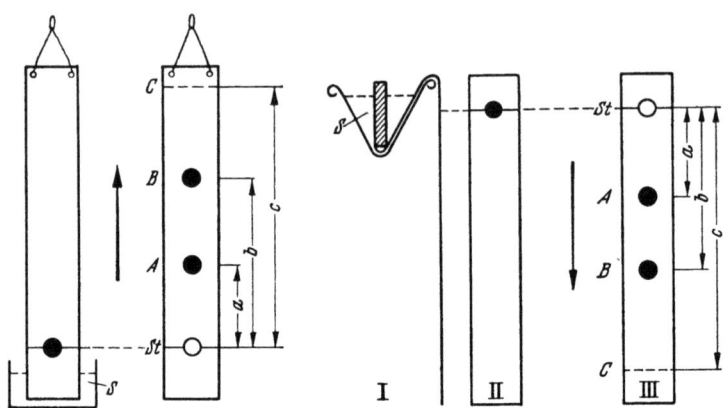

Abb. 2. Ermittlung des R_F-Wertes bei auf- und absteigender Chromatographie. Links der Papierstreifen mit dem Startfleck (St) in das Trennmittel eintauchend (S). Rechts nach der Trennung: C Front des Trennmittels, das die Strecke c gewandert ist, die Komponente A hat die Strecke a, die Komponente B die Strecke b zurückgelegt. Daher ist der R_F-Wert für $A = a/c$, für $B = b/c$

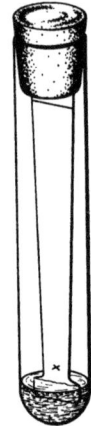

Abb. 3. Aufsteigende Chromatographie im Reagensglas. Der keilförmige Papierzuschnitt ist in einen Einschnitt des Korkens geklemmt. Startpunkt bei x

Von den 3 verschiedenen Papierqualitäten (s. Tabelle 1) werden keilförmige Zuschnitte angefertigt. Der Startpunkt wird 2 cm vom spitzen Ende markiert und darauf ein kleiner Tropfen (0,015 ml) Eisengallustinte aufgetragen. Nach dem Trocknen wird das obere, breite Ende eines jeden Streifens 2mal gefaltet und mit Hilfe des Messers in dem Einschnitt des Korkens befestigt, so daß der Keilstreifen nach Aufsetzen des Korkens auf das Glas etwa 1 cm in das Trennmittel eintaucht.

Aufgaben

1. In welchem Glas erreicht die Flüssigkeit zuerst den Korken?
2. Auf welchem Papier ist die Trennung bei dem gewählten Fließmittel am besten?

C. Einfluß des Trennmittels auf die Trennung

Auf das Reagensglasgestell werden 5 weitere Reagensgläser aufgesetzt und die Korken wie unter B vorbereitet. Aus dem Musterbeutel werden 5 Keilzuschnitte (Abb. 3) entnommen und am Startpunkt (schmale Stelle des Steges) je ein Tropfen grüner Tinte (0,015 ml) aufgetragen. Nach dem Antrocknen werden die Streifen wie unter B in den Korkstopfen befestigt und auf die Reagensgläser gesetzt, so daß das Papier etwa 1 cm tief in die Flüssigkeit (2 ml) eintaucht. Die Reagensgläser erhalten die Nummern (4) bis (8).

Sie enthalten folgende Mischungen als Trennmittel:

Tabelle 3

Versuchs-Nr.	Bestandteile des Trennmittels	Mengenverhältnis	R_F-Wert der grünen Hauptkomponente
(4)	1%ige Kochsalzlösung	—	
(5)	Phenol-Wasser	240 : 60 (g)	
(6)	Butanol-Eisessig-Wasser	100 : 20 : 40 (ml)	
(7)	Methyläthylketon-Wasser	100 : 10 (ml)	
(8)	tert.-Natriumcitrat– 5%iges Ammoniak	2 (g) 100 (ml)	

Aufgabe

Ermittle die R_F-Werte der grünen Hauptkomponente durch Ausmessen mit dem Lineal und trage sie in die Tabelle 3 ein. In welchem Trennmittel-Gemisch ist die Trennung am besten?

Literatur

CRAMER, F.: Papierchromatographie, eine Einführung, 4. Aufl. Weinheim: Verlag Chemie 1958. — DITTMAR, G.: Farbstoffuntersuchungen. Ullmans Enzyklopädie der technischen Chemie, Bd. 7, S. 210—219. 1956.

Zweite Übung

Eindimensionales Chromatogramm; Einfluß von Zuschnitt und Temperatur; quantitative Bestimmung von Aminosäuren

Arbeitsgeräte. Kammer für auf- und absteigende Trennung (Abb. 5); 4 Exsiccatoren ⌀ etwa 21 cm, Höhe etwa 24 cm — oder 4 Ganzglas-Aquarien von etwa 23 cm Höhe; 4 Petri-Schalen ⌀ 15 cm; 2 Scheidetrichter; 32 Reagensgläser; 2 Vollpipetten 1 ml; 2 Vollpipetten 5 ml; 1 Pipette 0,1 ml (unterteilt in 0,001 ml); 4 Thermometer; 1 Sprüher (Abb. 4); Kühlschrank; Thermostat; Wasserbad; Stativ mit Ringklemme; Photometer; Fön; Lineal.

Papier. Zwei Bogen mittleres Papier 40×22 cm; 4 Bogen mittleres Papier 22×22 cm; 4 Bogen mittleres Papier 22×27,5 cm.

Chemikalien. Phenol p. a. oder frisch destilliert, konzentrierte Ammoniak-Lösung, KCN, n-Butanol, Eisessig, 50%iges wäßriges Propanol.

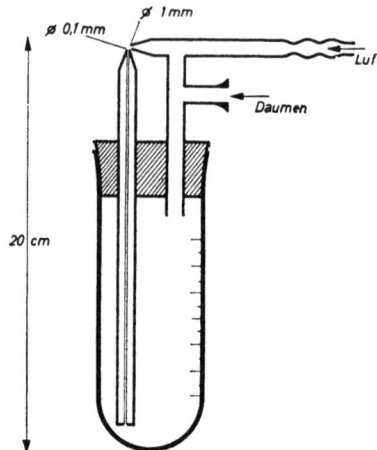

Abb. 4. Sprüher zum Auftragen von Reagentien und Pufferlösungen. Durch teilweisen Verschluß eines Stutzens mit dem Daumen kann der Sprühstrahl reguliert werden

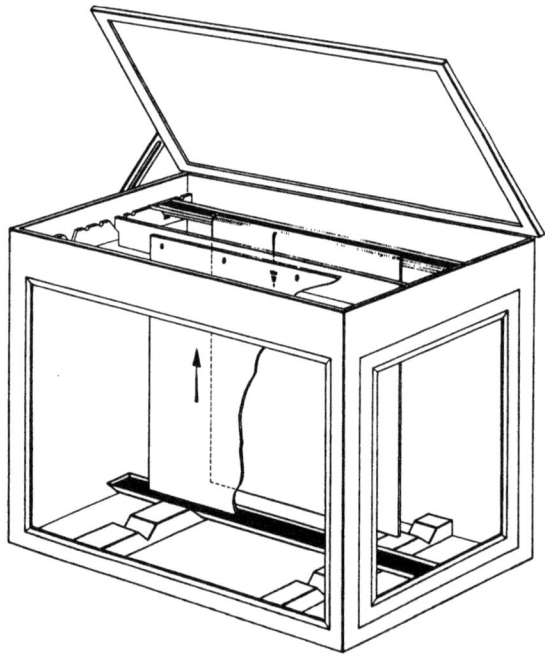

Abb. 5. Chromatographierkammer für die zweidimensionale Trennung. Diese ist sowohl für die aufsteigende Technik (vorne) als auch für die absteigende Technik (hinten) einzurichten. Der Holzkasten hat an der Vorder- und Seitenwand Glas; der Glasdeckel wird während der Chromatographie fest verschlossen. Es ist wesentlich, daß die Holzteile *vor* dem ersten Gebrauch innen mit flüssigem Paraffin abgedichtet werden.

Testsubstanzen. Asparaginsäure, Glykokoll, Alanin, Tyrosin, Valin, Leucin — jeweils 10 mg in 5 ml 0,1 n-Salzsäure gelöst; Aminosäurengemisch, bestehend aus 8 mg Alanin, 8 mg Valin und 8 mg Leucin in 4 ml 0,1 n-Salzsäure gemeinsam gelöst.

Nachweisreagentien. 0,1% Ninhydrin in 96% Äthanol gelöst; 0,01% Ninhydrin in wassergesättigtem Butanol gelöst; Ninhydrin-Reagens: 1 g Ninhydrin und 100 mg $SnCl_2 \cdot 2 H_2O$ gelöst in einem Gemisch aus 100 ml Glykolmonomethyläther, 50 ml 1 n-NaOH und 50 ml 2 n-Essigsäure.

Zeitbedarf. A. Trennung etwa 18 Std; B. Trennung bei 5° C etwa 10 Std, bei 20° C etwa 6 Std, bei 35° C etwa 5 Std, bei 50° C etwa 4 Std. C. Photometrische Bestimmung etwa 2 Std.

Arbeitsvorschrift
A. Der Einfluß des Papierzuschnittes

Vorbereitung der Chromatogramme. Ein Bogen von 40×22 cm wird nach den in Abb. 6 angegebenen Maßen zugeschnitten. Auf jeden Startpunkt trägt man ein Gemisch von 6 Aminosäuren auf; dieses wird hergestellt durch Mischen von je 1 ml der Lösungen der einzelnen Aminosäuren (s. unter Testsubstanzen). Je Startpunkt trägt man 0,03 ml auf. Nach Trocknen der Pipettenspitze läßt man 0,01 ml aus der Pipette auslaufen. Der sich dabei an der Spitze bildende Tropfen wird vorsichtig auf den Startpunkt aufgetragen. Der Vorgang wird nach dem Eintrocknen des Fleckens noch 2mal wiederholt. Parallel dazu wird ein Bogen 40×22 cm ohne Zuschnitt vorbereitet. Auf der Startlinie, die 2,5 cm von der schmalen Kante verlaufen soll, werden 7 Startpunkte in Abständen von je 3 cm mit jeweils 0,005 ml der Lösungen der einzelnen Aminosäuren, der 7. Startpunkt mit 0,03 ml ihres Gemisches besetzt.

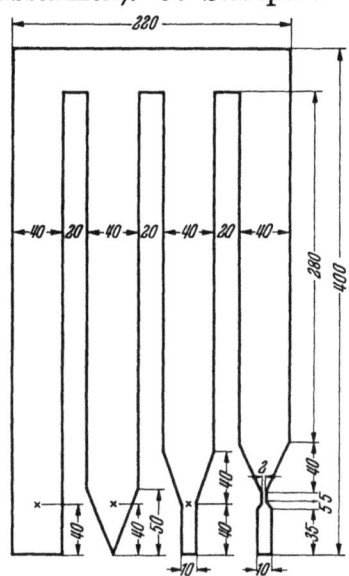

Abb. 6. Verschiedene Formen des Zuschnittes für eindimensionale Chromatogramme in Streifenform (aufsteigende Methode)

Trennung. Beide Bogen werden aufsteigend chromatographiert. Sie werden so in die Kammer eingehängt, daß die Unterkante dabei nicht den Boden der Wanne berührt. Die Trennung erfolgt mit Phenol-Wasser. Dazu wird Phenol mit einem Überschuß an Wasser im Scheidetrichter sanft geschüttelt und nach Klärung die organische Phase (untere Lage im Scheidetrichter) als Trennmittel verwendet. Zu der wäßrigen Phase werden Ammoniak auf 0,5% und einige kleine KCN-Kristalle zugesetzt.

Diese Phase wird auf den Boden der Kammer gegeben und dient der Sättigung der Papiere 2—3 Std vor dem Beginn der Trennung. Beim Einfüllen des Fließmittels in die Wanne ist darauf zu achten, daß die Startflecken nicht in die Flüssigkeit hineinhängen.

Lokalisation der Aminosäuren. Wenn die Lösungsmittelfront auf dem nicht zugeschnittenen Bogen etwa 30 cm zurückgelegt hat, wird der Trennprozeß abgebrochen und beide Bogen 3 Std lang in einem Luftstrom von 40—50° C getrocknet (bei Raumtemperatur etwa 8 Std notwendig). Anschließend werden die Bogen mit der 0,1 %igen Ninhydrin-Lösung möglichst gleichmäßig besprüht und 25 min lang bei 60° C erhitzt.

Aufgaben

1. Vergleiche auf den beiden Bogen die vom Lösungsmittel zurückgelegten Strecken.

2. Beschreibe den Einfluß der Papierzuschnitte.

3. Wodurch werden die Unterschiede in der Trennung bedingt?

B. Einfluß der Temperatur

Vorbereitung der Chromatogramme. Auf den 4 quadratischen Bogen werden auf der 2 cm vom Rand entfernten Startlinie 6 Startpunkte in Abständen von je 3 cm voneinander entfernt vorgezeichnet. Auf alle Startpunkte werden 0,005 ml des Aminosäurengemisches (Alanin-Valin-Leucin) aufgetragen. Nach Trocknung rollt man die einzelnen Bogen in der aus Abb. 7 ersichtlichen Weise zusammen und hält die Seitenkanten mit Glashaken oder mit weißem Nähgarn zusammen.

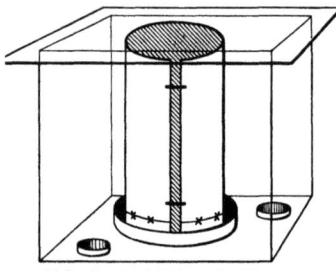

Abb. 7. Aufsteigende Trennung auf einem zum Zylinder zusammengerollten Papierbogen. Das Chromatogramm wird in eine Glasschale mit dem Trennmittel eingestellt, die sich in einem Glasbehälter (Aquarium, Exsiccator) befindet. In den beiden kleinen Glasschalen befindet sich die wäßrige Phase des Trennmittels zur Sättigung der Atmosphäre

Trennung. Man stellt die Papierrollen in Petri-Schalen in das Innere von Exsiccatoren oder Glasaquarien. Die Trennung erfolgt mit Butanol-Eisessig-Wasser. Dazu schüttelt man Butanol, Eisessig und Wasser im Volumen-Verhältnis 4 : 1 : 5 im Scheidetrichter und verwendet die untere (wäßrige) Phase zur Sättigung der Atmosphäre, die obere (organische) Phase als

Trennmittel. Diese Herstellung des Lösungsmittels muß stets bei derjenigen Temperatur erfolgen, bei der auch die Trennung durchgeführt wird. Je ein Chromatographier-Gefäß wird
(1) bei Raumtemperatur (etwa 20° C),
(2) im Kühlschrank bei etwa 5° C,
(3) im Thermostaten bei 35° C und
(4) im Thermostaten bei 50°C

aufgestellt. Nach 2stündiger Sättigung werden 40 ml Lösungsmittel in jede Petri-Schale gegeben. Kurz bevor die Lösungsmittelfront das Ende des Bogens erreicht hat, wird der Trennprozeß abgebrochen, die Lage der Front markiert und die Laufzeit notiert.

Nach einstündigem Trocknen im Luftstrom werden die Aminosäuren mit 0,1% äthanolischem Ninhydrin lokalisiert.

Aufgaben

1. Bestimme die R_F-Werte (vgl. Abb. 2) der 3 Aminosäuren bei den verschiedenen Temperaturen (je Temperatur 6 Wiederholungen) und trage sie in die Tabelle 4 ein.

Tabelle 4

	Temperatur in °C			
	5	20	35	50
Alanin 1				
2				
3				
4				
5				
6				
Mittelwert				
Valin 1				
2				
3				
4				
5				
6				
Mittelwert				
Leucin 1				
2				
3				
4				
5				
6				
Mittelwert				

2. Zeichne die Mittelwerte für die einzelnen Aminosäuren in Abhängigkeit von der Temperatur (Abszisse) als 3 Kurven.

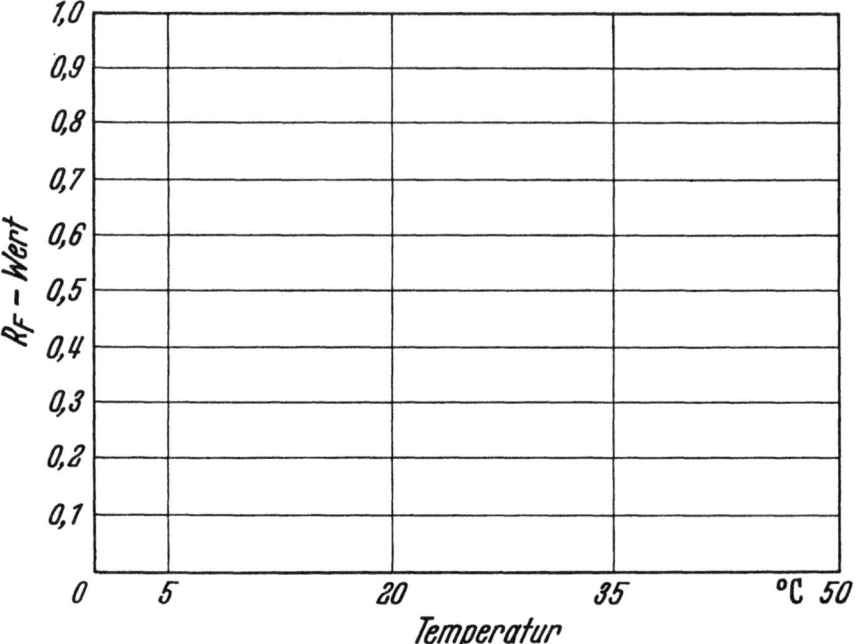

3. Die Temperatur hat bei den meisten Lösungsmitteln keinen Einfluß auf die relative Lage der R_F-Werte zueinander. Warum ist trotzdem die Beachtung der Temperaturkonstanz im Chromatographie-Raum angeraten?

C. Quantitative Bestimmung

Vorbereitung der Chromatogramme. Auf den 4 Bogen 22 × 27,5 cm werden auf der Startlinie (2 cm vom Rand entfernt) in Abständen von 2,5 cm jeweils 10 Startpunkte vorgezeichnet. Vom Aminosäuren-Gemisch (Alanin-Valin-Leucin), das als „Konz. 1" bezeichnet wird, ausgehend, wird eine Reihe von Verdünnungen hergestellt:

Von Konzentration 1 wird 1 ml mit 1 ml Wasser auf die Hälfte verdünnt = „Konz. 2".

Von Konzentration 2 wird 1 ml mit 1 ml Wasser auf die Hälfte verdünnt = „Konz. 3".

Von Konzentration 3 wird 1 ml mit 1 ml Wasser auf die Hälfte verdünnt = „Konz. 4".

Von Konzentration 4 wird 1 ml mit 1 ml Wasser auf die Hälfte verdünnt = „Konz. 5".

Auf jedem Bogen werden je 0,005 ml dieser 5 Konzentrationen 2mal hintereinander aufgetragen. Die Trennung erfolgt aufsteigend mit Butanol-Eisessig-Wasser in der unter B beschriebenen Weise bei Zimmertemperatur.

α) Bestimmung nach der Fleckengröße

Drei Bogen werden mit 0,1% Ninhydrin besprüht und 25 min bei 60° C erhitzt. Sofort anschließend werden die Flecken der Aminosäuren mit Bleistift deutlich umrandet. Man mißt nun die Länge der Flecken (für jede Aminosäure und jede Konzentration 6 Wiederholungen) aus und trägt die Werte in die Tabelle 5 ein.

Aufgabe

Errechne die Mittelwerte der Fleckenlängen für jede Aminosäure und trage diese in Abhängigkeit von dem Logarithmus der Konzentration auf (Rotstift). Welche Abhängigkeit ergibt sich ?

Tabelle 5

	„Konz. 1"	„Konz. 2"	„Konz. 3"	„Konz. 4"	„Konz. 5"
Alanin 1					
2					
3					
4					
5					
6					
Mittelwert					
Valin 1					
2					
3					
4					
5					
6					
Mittelwert					
Leucin 1					
2					
3					
4					
5					
6					
Mittelwert					

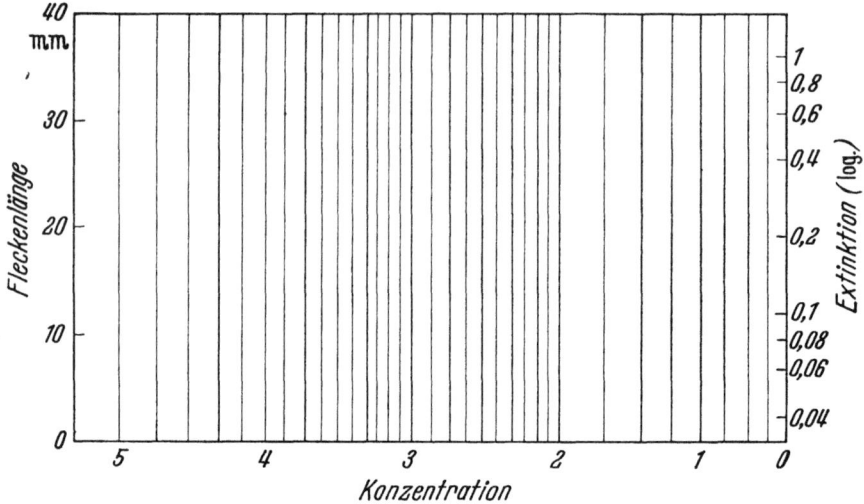

β) Photometrische Bestimmung

Den 4. Bogen besprüht man schwach mit der 0,01 %igen Lösung von Ninyhydrin in wassergesättigtem Butanol, trocknet im Luftstrom und erhitzt 15 min auf 60° C. Dabei werden mindestens die dichtesten Stellen der Aminosäurenflecken schwach sichtbar. Die Umrisse der Flecken sind mit Bleistift einzuzeichnen. Die umrandeten Papierflächen werden aus dem Chromatogramm herausgeschnitten, einzeln in Reagensgläser gebracht und mit 5 ml Ninhydrinreagens übergossen. Die Reagensgläser sind 20 min in ein siedendes Wasserbad einzustellen und danach sofort mit kaltem Wasser zu kühlen. Anschließend gibt man zum Inhalt eines jeden Reagensglases 5 ml 50 %iges wäßriges Propanol, schüttelt gut um und mißt nach 10 min die Extinktionskoeffizienten der Lösungen gegen Wasser als Kompensationsflüssigkeit bei 570 mμ. Zur Ermittlung des Papierleerwertes ist ein leerer, flächengleicher Ausschnitt des Chromatogramms ebenso zu behandeln. Die Leerwerte sind von den für die Aminosäuren gemessenen Extinktionen abzuziehen.

Aufgabe

Trage die gemessenen Extinktionskoeffizienten in die Tabelle 6 ein (für jede Aminosäure und Konzentration 2 Wiederholungen) und zeichne für jede Aminosäure die Abhängigkeit des Extinktionskoeffizienten von der Konzentration auf (Grünstift).

Tabelle 6

	„Konz. 1"	„Konz. 2"	„Konz. 3"	„Konz. 4"	„Konz. 5"
Alanin 1					
2					
Mittelwert					
Valin 1					
2					
Mittelwert					
Leucin 1					
2					
Mittelwert					

Literatur

BOISSONAS, R. A.: Helv. chim. Acta 33, 1972 (1950). — MATTHIAS, W.: Züchter 24, 313 (1954).

Dritte Übung
Zweidimensionales Chromatogramm mit Vergleichssubstanzen

Arbeitsgeräte. Kammer zur absteigenden zweidimensionalen Chromatographie, vgl. Abb. 5; Kammer für eindimensionale, aufsteigende Trennung (Abb. 8); Sprüher; Glaswanne (z. B. Entwicklerschale) 20 × 10 cm (oder größer); 2 Trichter; 250 ml-Erlenmeyer-Kolben; Erlenmeyer-Kolben 50 ml; 2 Scheidetrichter; Meßzylinder 10 ml; Pipette 0,1 ml (in 0,001 ml unterteilt); Fön; Mixer; Messer; Trockenschrank; Klammern.

Papier. Mittleres Papier: 1 Streifen 60(50) × 12 cm mit 3 Startpunkten in Abständen von je 3 cm (Chromatogramm Nr. 1), 2 Bogen 60 × 58 cm (Chromatogramm Nr. 2 und 3), 1 Bogen 17 × 18 cm (für Testtafel); Faltenfilter, Rundfilter.

Chemikalien. 96% Äthanol; Phenol p. a. oder frisch destilliert, im Scheidetrichter durch leichtes Schütteln mit Überschuß an Wasser gesättigt; konzentrierte Ammoniaklösung, KCN; Butanol-Eisessig-Wasser 4:1:5, im Scheidetrichter gemischt.

Vergleichssubstanzen. Asparaginsäure, Glutaminsäure, Serin, Glykokoll, Threonin, Alanin, Tyrosin, Methionin, Valin, Leucin, Phenylalanin, Prolin, Histidin, Lysin. Jeweils 2 mg in 1 ml 0,1 n-HCl.

Nachweisreagentien. Ninhydrin, 0,1 %ig in 96% Äthanol. Isatin-Reagens: 1 g Isatin, 1,5 g Zinkacetat und 1 ml Eisessig werden in 5 ml Wasser gelöst. Die wäßrige Lösung wird kurz auf 70—80° erwärmt, mit 95 ml Isopropanol gemischt und rasch auf Zimmertemperatur abgekühlt.

Pflanzenmaterial. Zwei Kartoffeln.

Zeitbedarf. Vorbereitung der Versuchslösung: 30 min. Trennung: Phenol-H_2O: 20—24 Std, Butanol-Eisessig-Wasser: 16—20 Std.

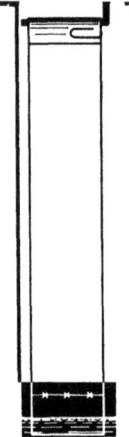

Abb. 8. Einfache Chromatographierkammer für aufsteigende Trennung. Ein Standzylinder mit plangeschliffener Kante wird mit einer Glasplatte abgedeckt. Diese ist durch 3 an der Außenkante angeklebte Glasstückchen gegen Verschieben gesichert. Innen wird ein rechtwinklig abgebogener Glasstab mit Araldit angeklebt. Darüber läßt sich der Chromatogrammstreifen mit einer Büroklammer befestigen

Arbeitsvorschrift

a) Saftgewinnung und Fällung von Eiweiß. Zwei geschälte Kartoffeln werden im Mixer zerkleinert und der Saft filtriert. Von diesem Saft werden 0,03 ml auf den 1. Startfleck des schmalen Papierstreifens (Chromatogramm Nr. 1) aufgetragen. Man fällt nun das Eiweiß des Saftes aus durch Zugabe von 96% Äthanol, 4 ml je 1 ml Saft, und filtriert. Von diesem alkoholischen Saft werden je 0,15 ml auf den 2. und 3. Startpunkt des schmalen Streifens aufgetragen. Für die zweidimensionale Trennung werden 0,3 ml dieses von Eiweiß befreiten Saftes verwendet.

b) Vorbereitung der zweidimensionalen Chromatogramme (vgl. Abb. 9). Auf den beiden großen Bogen sollen einmal die Aminosäuren des Kartoffelsaftes (Chromatogramm Nr. 2), zum andern ein Gemisch der als Vergleichssubstanzen verwendeten Aminosäuren (Chromatogramm Nr. 3) getrennt werden. Die Anordnung der Startpunkte für das zu analysierende Gemisch sowie für die Vergleichssubstanzen ist aus der Abb. 9 zu entnehmen. Man trägt für die eindimensionale Trennung (Vergleichsgemische A—D) $10\,\gamma = 0{,}005$ ml, für die zweidimensionale Trennung $20\,\gamma = 0{,}01$ ml von jeder Aminosäure auf.

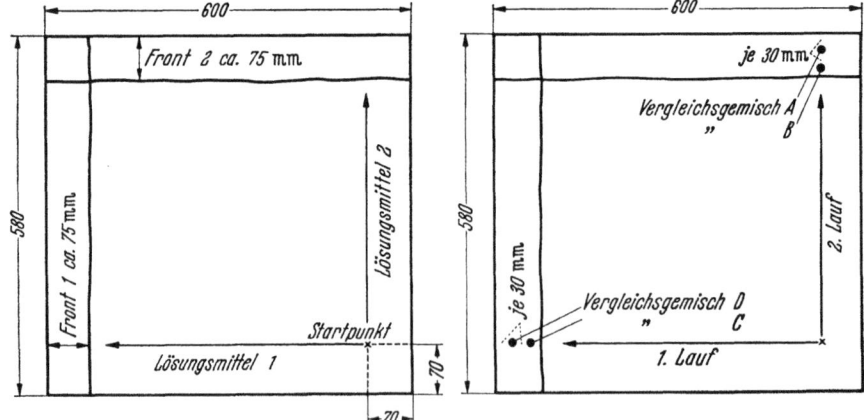

Abb. 9. Zweidimensionales Chromatogramm mit Vergleichssubstanzen. Es werden aufgetragen am Punkt A: Methionin, Alanin, Serin und Asparaginsäure, am Punkt B: Valin, Tyrosin, Threonin und Glutaminsäure, am Punkt C: Valin, Tyrosin, Threonin und Serin, am Punkt D: Leucin, Methionin, Alanin und Glykokoll

Bei der Verwendung von Substanzgemischen zum Vergleich stellt man sich das Gemisch aus gleichen Volumina der Komponenten vor dem Auftragen zusammen und trägt ein der Anzahl der Komponenten entsprechend größeres Volumen auf.

c) Trennprozeß. Chromatogramm Nr. 1 (Streifen 60 × 12 cm) wird eindimensional mit Butanol-Eisessig-Wasser getrennt (Kammer wie Abb. 8). Für die absteigende Arbeitsweise wird die Papierkante, an der die Trennung beginnt, 1—2 cm breit umgeknickt, in den Trog eingelegt und im Knick mit einem Glasstab beschwert. Nach Zugabe der wäßrigen Phase des Lösungsmittels auf den Boden der Kammer (Phenol-H_2O: obere Lage, Butanol-Eisessig-H_2O: untere Lage im Scheidetrichter) läßt man die Bogen 2—3 Std zur Dampfsättigung hängen. Der wäßrigen Phenol-Phase hatte man vorher Ammoniak auf 0,5% und einige kleine KCN-Kristalle zugesetzt. Die Trennung beginnt durch Einfüllen des Lösungsmittels in den Trog.

Die beiden großen Bogen (Chromatogramme Nr. 2 und 3) laufen in der ersten Richtung in Phenol-Wasser und in der zweiten Richtung in Butanol-Eisessig-Wasser. Es ist unbedingt darauf zu achten, daß die Lösungsmittelfront nicht über die in der Abbildung angedeuteten Ziellinien hinauswandert, da sonst die Vergleichssubstanzen in ihrer eindimensionalen Trennung gestört werden. Nach dem 1. Lauf ist das Phenol aus dem Papier möglichst weitgehend zu entfernen. Dazu muß es mindestens 3 Std lang in einem Luftstrom von 40—50° C getrocknet werden. Butanol ist nach einstündigem Trocknen hinreichend aus dem Papier entfernt.

d) Nachweisreaktionen. α) *Ninhydrin.* Von dem schmalen Streifen 60 × 12 cm (Chromatogramm Nr. 1) wird die Bahn des 3. Startpunktes, 4,5 cm vom Rand, abgeschnitten und für die Isatin-Reaktion zurückgelegt. Der übrigbleibende Streifen und die beiden zweidimensionalen Chromatogramme (Nr. 2 und 3) werden mit Ninhydrin möglichst gleichmäßig besprüht und 20 min lang zur Farbentwicklung in den Trockenschrank (60° C) gehängt.

β) *Isatin.* Isatin reagiert mit den verschiedenen Aminosäuren unter Bildung von Farbstoffen, deren Töne sich wesentlich stärker unterscheiden als diejenigen der entsprechenden Ninhydrinfarbstoffe. Die Isatin-Reaktion ist jedoch für die meisten Aminosäuren weniger empfindlich als die Ninhydrinreaktion.

Herstellung der Testtafel. Auf dem Papierbogen 17 × 18 cm werden alle als Vergleichssubstanzen angegebenen Aminosäuren aufgetragen, um die Farbreaktion nach Isatin-Behandlung kennenzulernen. Man zieht auf diesem Bogen 7 Linien in Abständen von

2 cm (3 cm vom Rand) und trägt auf jede Linie 2 Aminosäuren in 3 verschiedenen Konzentrationen auf: 0,01 ml, 0,02 ml, 0,04 ml. Der Abstand zwischen den 3 Konzentrationen für eine Aminosäure beträgt 2 cm, zwischen den beiden Aminosäuren auf einer Linie 3 cm.

Dieser Testbogen sowie der schmale Streifen aus der eindimensionalen Trennung des Kartoffelsaftes (s. oben) werden in einer

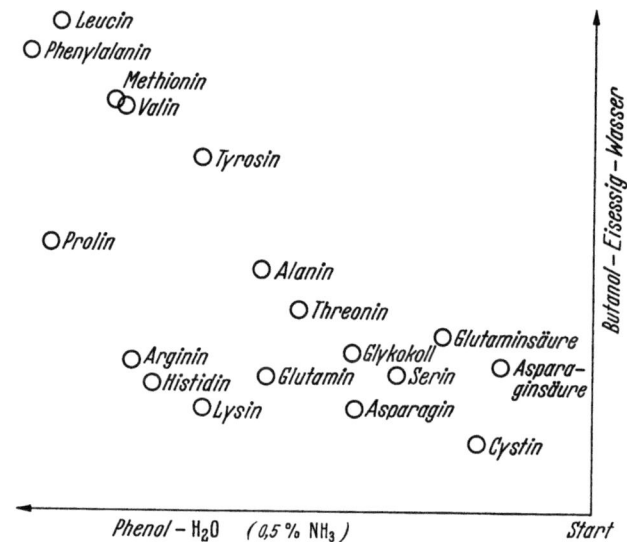

Abb. 10. „Landkarte" der relativen Lage der verschiedenen Aminosäuren zueinander auf einem zweidimensionalen Chromatogramm

Wanne durch die Isatinreagens-Lösung gezogen und anschließend 30 min auf 80—85° C erhitzt. Die gebildeten Farbstoffe sind kaum in Wasser löslich. Der Isatinüberschuß auf dem Papier kann deshalb durch kurzes Wässern der fertig angefärbten Chromatogramme entfernt werden.

Aufgaben

1. Vergleiche die Trennung vor und nach der Eiweißfällung durch Äthanol (Chromatogramm Nr. 1).

2. Versuche eine Identifizierung der im Kartoffelsaft enthaltenen Aminosäuren mit Hilfe der Vergleichssubstanzen und des zweidimensionalen Vergleichschromatogramms sowie durch Vergleich mit Abb. 10 und trage sie in Tabelle 7 ein.

3. Beschreibe die Farben für die einzelnen Aminosäuren nach Polychromierung mit Isatin. Identifiziere die Aminosäuren des

Kartoffelsaftes nach eindimensionaler Trennung anhand ihrer Farbbildung mit Isatin (Tabelle 7).

Tabelle 7

Aminosäure	Farbreaktion mit Isatin-Reagens	Vorkommen im Kartoffelsaft
Asparaginsäure		
Glutaminsäure		
Serin		
Glykokoll		
Threonin		
Alanin		
Tyrosin		
Methionin		
Valin		
Leucin		
Phenylalanin		
Prolin		
Histidin		
Lysin		

Literatur

BAROLLIER, J., J. HEILMAN u. E. WATZKE: Hoppe-Seylers Z. physiol. Chem. **304**, 21 (1956). — CONSDEN, R., A. H. GORDON and A. J. P. MARTIN: Biochem. J. **38**, 224 (1944).

Vierte Übung

Rundfilter-Technik, Zucker

Arbeitsgeräte. Mixer, Messer, 2 Trichter 5 cm, Meßzylinder 100 ml, Meßzylinder 10 ml, Erlenmeyer-Kolben 250 ml, Erlenmeyer-Kolben 100 ml, Erlenmeyer-Kolben 50 ml; 8 Petri-Schalendeckel ⌀ 20 cm, Pipette 0,1 ml (in $1/1000$ ml unterteilt), Schere, Lineal. 2 Scheidetrichter. Trockenschrank, Sprüher, Tesafilm.

Papier. Vier Rundfilter ⌀ 22 cm von schnell-laufendem Papier, Faltenfilter, Rundfilter ⌀ 7 cm.

Chemikalien. 80% Äthanol, Isopropanol, Phenol.

Nachweisreagentien.

I. Anilin, 0,93 g
Phthalsäure, 1,66 g } in 100 ml wassergesättigtem Butanol

II. Phloroglucin, 0,2 g in 80 ml 90%igem Äthanol } vor Gebrauch
25%ige Trichloressigsäure (g:v) 20 ml } mischen

III. Triphenyltetrazoliumchlorid (TTC), 2%ige wäßrige
Lösung } im Verhältnis 1:1
1 n-Natronlauge } kurz vor Gebrauch mischen

IV. Silbernitrat, gesättigte wäßrige Lösung, 0,5 ml, zu Aceton, 100 ml, geben, Wasser unter Umschütteln tropfenweise hinzufügen, bis AgNO$_3$ Niederschlag gelöst. NaOH, 20 g in wenig Wasser gelöst, mit 96% Äthanol auf 1000 ml auffüllen. 5 n-Ammoniumhydroxyd (etwa 10%ige Ammoniak-Lösung).

Vergleichssubstanzen. Saccharose, Glucose, Fructose, Xylose, Ribose, jeweils 2%ige wäßrige Lösungen.

Pflanzenmaterial. 1—2 Äpfel (z. B. Cox-Orange).

Zeitbedarf. Extraktgewinnung: 30 min, Trennprozeß: 6—7 Std, Nachweisverfahren: 1—2 Std.

Arbeitsvorschrift

a) **Extraktgewinnung.** Die Äpfel werden, nachdem sie geschält sind und das Kerngehäuse entfernt ist, im Mixer zerkleinert. Auf

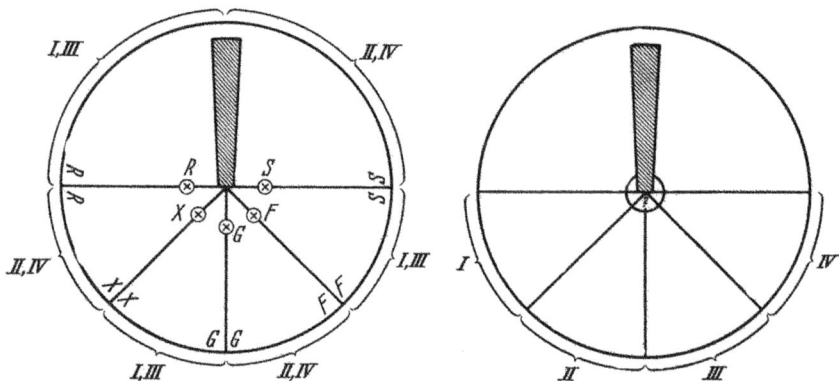

Abb. 11. Vorbereitung und Beschriftung der Rundfilter für die Zucker-Trennung. *S* Saccharose, *F* Fructose, *G* Glucose, *X* Xylose, *R* Ribose. Reagentien-Behandlung: *I* Anilin-Phthalsäure, *II* Phloroglucin-Trichloressigsäure, *III* Tetrazol, *IV* Silbernitrat-Aceton

Abb. 12. Vorbereitung und Beschriftung der Rundfilter für die Trennung eines Zucker-Extraktes. Bei ? wird die Versuchslösung aufgesetzt. Reagentienbehandlung: wie Abb. 11

1 Apfel werden dabei 10 ml destilliertes Wasser zugesetzt. Anschließend wird über ein Faltenfilter filtriert und durch Zugabe von 4 ml 96% Äthanol je ml Saft das Eiweiß gefällt. Erneutes Filtrieren durch ein Rundfilter liefert die Versuchslösung, von der 0,05 ml für jeden Startpunkt benötigt werden.

b) **Vorbereitung der Chromatogramme.** Je 2 Rundfilter werden nach den Abb. 11 (Chromatogramme Nr. 1 und 2) und 12 (Chromatogramme Nr. 3 und 4) vorbereitet und beschriftet. Die Papierzunge (gestrichelt), durch die die Lösungsmittel-Zufuhr erfolgt, soll im Mittelpunkt des Filters nicht breiter als 0,5 cm sein. Auf 2 Rundfiltern (Chromatogramme Nr. 1 und 2) werden jeweils 0,005 ml der Vergleichslösung (Saccharose, Fructose, Glucose, Xylose und Ribose) auf den mit Bleistift auf dem Papier eingezeichneten Startpunkten, 1,5 cm vom Mittelpunkt entfernt, aufgetragen. Auf den anderen beiden Rundfiltern (Chromatogramme Nr. 3 und 4) wird die Versuchslösung (0,05 ml) unmittelbar an der Ansatzstelle der Zunge aufgesetzt.

c) **Trennprozeß.** Die Trennung erfolgt unter paralleler Verwendung von 2 verschiedenen Lösungsmitteln:

1. *Wassergesättigtes Phenol* wird im Scheidetrichter durch sanftes Schütteln von Phenol mit Wasser im Überschuß hergestellt; untere Phase verwenden. Besteht nach mehreren Stunden noch eine leichte Trübung in der unteren Phase, so wird sie filtriert.

2. *Isopropanol-Wasser* 160:40. Die Anordnung der Rundfilter in den Petri-Schalen geht aus Abb. 13 hervor. Ein Filter mit Vergleichssubstanz (Chromatogramm Nr. 1) und ein Filter mit der Versuchslösung (Chromatogramm Nr. 3) laufen in Phenol, die beiden restlichen Filter (Chromatogramm Nr. 2 und 4) in Isopropanol. Nach Beendigung des Trennprozesses ist das Papier den Schalen vorsichtig zu entnehmen und dabei ein Eintauchen in das Lösungsmittel zu vermeiden. Die Lösungsmittelfront wird mit Bleistift markiert.

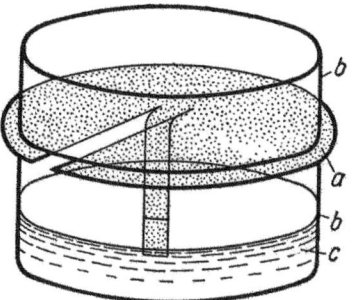

Abb. 13. Rundfilter-Chromatographie. Das Filterpapier (*a*) liegt zwischen den beiden gleichgroßen Glasschalen (*b*). Die eingeschnittene Papierzunge wird nach unten in die Flüssigkeit gebogen (*c*)

d) **Auswertung.** Nach dem Trocknen werden die Rundfilter entlang der eingezeichneten Radien in Sektoren zerschnitten, wobei auf jedem Sektor das verwendete Lösungsmittel am Rand zu notieren ist. In den Abb. 11 und 12 sind die verschiedenen Verfahren angegeben, mit denen der Nachweis der Zucker erfolgt. Nach Beendigung der Farbentwicklung ist die Lage der Zucker jeweils mit Bleistift zu markieren und bei den doppelt besprühten Sektoren die Art der positiven Reaktionen zu verzeichnen.

Folgende Bedingungen müssen bei den Nachweisreaktionen eingehalten werden:

I. Anilin-Phthalsäure. Nach dem Besprühen 5—10 min bei 105°C erhitzen.

II. Phloroglucin-Trichloressigsäure. Nach dem Besprühen 10 bis 20 min bei 100—105°C erhitzen.

III. Triphenyltetrazoliumchlorid. Nach dem Besprühen 5 bis 10 min bei 80°C erhitzen. Die entstehenden Farbflecken sind unmittelbar nach dem Anfärben mit Bleistift zu umranden, da das Tageslicht die Papiergrundfärbung beträchtlich verstärkt.

IV. Silbernitrat-Aceton. Das Papier wird möglichst kurz in die acetonische Silbernitratlösung getaucht, bei Raumtemperatur getrocknet und dann mit dem äthanolischen NaOH besprüht. Nach Erscheinen der dunkelbraunen Flecken bei Raumtemperatur wird das Papier unter dem Abzug in 5 n-Ammoniumhydroxyd bis zum Verblassen des Papiergrundes und anschließend in Wasser gewaschen.

Die entwickelten Sektoren der Rundfilter werden mit Tesafilm in dem ursprünglichen Zusammenhang wieder kombiniert.

Aufgaben

1. Bestimme die R_F-Werte der Vergleichszucker in den beiden Lösungsmitteln (Tabelle 8).

Tabelle 8. *R_F-Werte von Zuckern*

	Phenol-Wasser	Isopropanol-Wasser	Vorkommen in Apfelsaft
Saccharose .			
Fructose . .			
Glucose . .			
Xylose . . .			
Ribose . . .			

2. Trage in die Tabelle 9 anhand der Chromatogramme mit den Vergleichszuckern ein, welche Zucker bei den einzelnen Nachweisreaktionen positiv (+) und welche nicht (—) reagieren.

Tabelle 9. *Farbreaktionen von Zuckern*

	Anilin-Phthalsäure (I.)	Phloroglucin-TCE (II.)	TTC (III.)	$AgNO_3$ (IV.)
Saccharose .				
Fructose . .				
Glucose . .				
Xylose . . .				
Ribose . . .				

Gib im Fall der positiven Reaktion die gebildete Farbe an. Mit Anilin-Phthalsäure und mit Phloroglucin entwickeln die verschiedenen Zucker verschiedene Farben. Beachte die Fluorescenz der Flecken nach Anilin-Phthalsäure-Behandlung.

3. Welche Zucker sind im Apfelsaft nachzuweisen? Verwende R_F-Werte und Farbnachweis zur Identifizierung. Trage Sie in Tabelle 8 ein.

Literatur

RUTTER, L.: Nature (Lond.) **161,** 435 (1948).

Fünfte Übung
Photogramm-Technik. Nucleinsäuren

Arbeitsgeräte. Chromatographierkammer für absteigende Trennung (wie Abb. 5 oder 14), 2 Erlenmeyer-Kolben 250 ml, Erlenmeyer-Kolben 100 ml, Meßzylinder 100 ml, Becherglas 100 ml. Kleine Abdampfschale mit Ausguß, Glasstab, Pipette 10ml (in 0,1 ml unterteilt), Pipette 1 ml (in 0,01 ml unterteilt). Glasrohr (Jenaer Glas) ⌀ 8 mm, Glasrohrschneider, Gebläsebrenner. Zentrifuge, Sandbad, Fön. Weithalsflasche mit Stopfen, Pinzette, Thermostat.

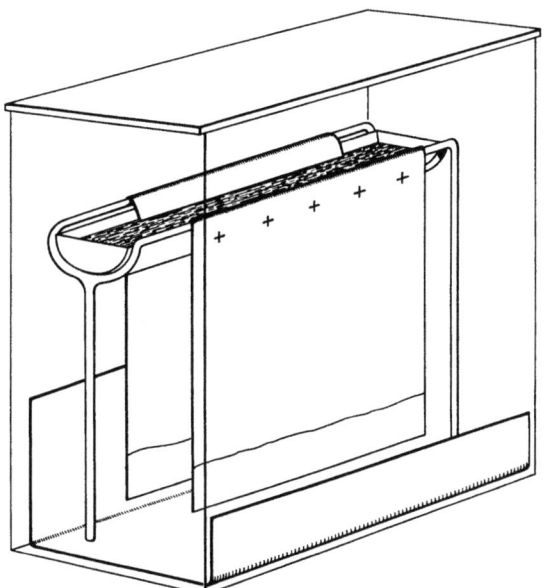

Abb. 14. Chromatographierkammer für zweidimensionale, absteigende Trennung. In einem Ganzglas-Aquarium befindet sich auf 3 Glasstabfüßen der Wannenträger. Die Bogen liegen in der halbzylinderförmigen Wanne, werden mit einem Glasstab beschwert und hängen frei über die Querstäbe nach unten. Am Boden des Aquariums befindet sich ein Fließpapierbogen, der befeuchtet wird zur Sättigung der Atmosphäre

Pipette 0,1 ml oder besser selber hergestellte, fein ausgezogene kurze Pipette an kleine Kolbenspritze (z. B. Tuberkulin-Spritze) angeschlossen. Siedesteinchen. p_H-Meter (oder Indicatorpapier), UV-Lampe, z. B. Quecksilber-Niederdruckbrenner aus UV-Spezialglas (Sterisol Hanau NN/15/44). Schutzbrille. Gebogenes Brett (Abb. 15), Reißzwecken. Agfa-Copex-Papier. Metol-Entwickler (z. B. Tepa-Entwickler), saures Fixierbad. Schalen für Entwickler, Wasser, Fixierbad. Vorrichtung zum Eluieren (vgl. Abb. 16).

Papier. 1 Bogen mittleres Papier 60(50)×18 cm (mit 1% Oxalsäure und destilliertem Wasser waschen, dann trocknen); 1 Bogen weiches Papier 60(50)×27 cm.

Chemikalien. 80% Äthanol, 1 n-HCl, 1 n-NH₄OH, n-Butanol.

Vergleichssubstanzen. Adenin, 0,9 mg/ml Wasser; Guanin, 2 mg/ml 1 n-HCl; Cytosin, 2 mg/ml Wasser; Uracil, 2 mg/ml Wasser; Cytidylsäure, 3 mg/ml Wasser; Uridylsäure, 3 mg/ml Wasser.

Pflanzenmaterial. Antheren mit reifem Pollen, z. B. von Tulpe 1 Anthere, von Usambara-Veilchen 6 Antheren, von Antirrhinum 24 Antheren.

Zeitbedarf. Vorbereitung der Versuchslösung: 1 Std, Hydrolyse: 1 Std, Auftragen: 2mal 1 Std, Fleckenelution: 45 min, Trennung: Wasser etwa 5 Std, Butanol etwa 12 Std, Trocknen der Papiere: nach Wasser 10 min und nach Butanol 2 Std, Herstellung der Photogramme: 2mal 30 min.

Arbeitsvorschrift

a) **Vorbereitung der Versuchslösung.** Die Antheren werden vorsichtig, unter Vermeidung von Verlust an Pollen, in die Abdampfschale gesammelt. 2 ml siedendes 80%iges Äthanol (mit Siedesteinchen erhitzen) werden zugegeben und die Pollen mit Hilfe eines Glasstabes von dem übrigen Antherengewebe befreit, das dann mit der Pinzette entfernt wird. Man überträgt nun die Pollensuspension in ein 8—12 cm langes, einseitig zugeschmolzenes Glasrohr, das in die jeweils verwendete Zentrifuge passen soll (in Zentrifugenbecher einstellen).

Nach dem Zentrifugieren wird der alkoholische Extrakt verworfen und ein zweites Mal mit 2 ml 80%igem siedendem Äthanol extrahiert. Der Rückstand nach dem Zentrifugieren wird im Trockenschrank getrocknet (Glasrohr mit Hilfe von Watte senkrecht in kleines Becherglas stellen) und anschließend mit 0,2 ml 1 n-HCl versetzt und das Rohr zugeschmolzen. Während der nun folgenden 1-stündigen Hydrolyse bei 100° C im Thermostaten legt man das Rohr vorsichtshalber in eine mit Stopfen verschlossene Weithalsflasche. Nach der Hydrolyse wird das Rohr geöffnet, zentrifugiert und dann die gesamte Flüssigkeit auf den mittleren Startpunkt des Papierbogens 60×18 cm aufgetragen. Beim Abpipettieren des Hydrolysates ist ein Aufwirbeln des Rückstandes zu vermeiden. Links neben dem Hydrolysat sollen als Vergleichssubstanzen die Purine Adenin (0,01 ml) und Guanin (0,01 ml) laufen und auf der rechten Seite die Pyrimidine Cytosin (0,01 ml) und Uracil (0,01 ml) (Abb. 15).

b) **Trennprozeß.** Die Trennung erfolgt absteigend mit Wasser, das mit Ammoniumhydroxyd auf p_H 10 eingestellt wurde. Nach etwa 5 Std hat die Lösungsmittelfront das Ende des Papieres erreicht. Ein Abtropfen des Lösungsmittels ist unbedingt zu vermeiden, da die Pyrimidinkomponenten der Nucleinsäuren einen großen R_F-Wert in diesem Lösungsmittel besitzen (Tabelle 10). Die Papiere können bei 100° C im Trockenschrank getrocknet werden.

c) **Auswertung.** α) *Photogramm-Technik.* Beim Nachweis der Bausteine der Nucleinsäuren macht man sich die Absorption von

Purinen und Pyrimidinen im UV um 260 mμ zunutze. Um UV-Licht dieses Wellenlängenbereiches zu erhalten, kombiniert man am besten einen Quecksilber-Niederdruckbrenner aus UV-Spezialglas mit dem Schott-Filter UG 5, das nur die Wellenlänge 254 mμ hindurchtreten läßt, aber sichtbare Strahlung weitgehend absorbiert. Ein Analysengerät, das diese Strahlung liefert, kann von der Quarzlampengesellschaft Hanau (Bestell-Nr. Pl 320) bezogen werden. Bei Verwendung dieses Lichtes sind die Purine oder Pyrimidine enthaltenden Flecken auf dem Papier direkt sichtbar und leicht mit dem Bleistift zu markieren. Zur Herstellung von Photogrammen kann aber der Quecksilber-Niederdruckbrenner auch ohne Filter verwendet werden.

Schutzbrille verwenden! Man legt auf das gebogene Brett (Abb. 15) ein Photopapier und befestigt das getrocknete Chromatogramm mit Reißzwecken darüber, nachdem man seinen Rand durch kleine V-förmige Einschnitte markiert hat, um eine spätere

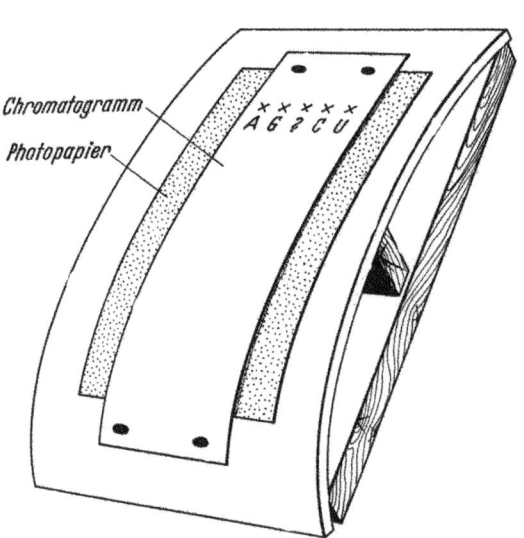

Abb. 15. Gebogenes Brett für das Photoprint-Verfahren (Photogramm-Technik)

Zuordnung von Photogramm und Chromatogramm zu ermöglichen. Bei einem Abstand von 1 m beträgt die Belichtungszeit mit und ohne Filter etwa 25—30 sec. Dunkelkammer-Beleuchtung: olivgrün.

Das Papier wird dann 30 sec bis 1 min entwickelt und nach Spülen in Wasser 5 min lang in saurem Fixierbad fixiert. Nach abschließendem Wässern wird das Papier getrocknet.

Die UV-absorbierenden Flecken erscheinen auf dem Photogramm als weiße Flecken auf schwarzem Grund. Zum Auffinden der Fleckenpositionen auf dem Chromatogramm hält man zweckmäßigerweise das Photogramm gegen die Fensterscheibe und das Chromatogramm anhand der Randeinschnitte darüber. Die hellen Flecken des Photogramms können nun auf dem Chromatogramm mit Bleistift umrandet werden.

β) Eluieren und Re-Chromatographie. Da in dem verwendeten Lösungsmittel die R_F-Werte von Adenin und Guanin sehr nahe zusammen liegen und die R_F-Werte-Tabelle 10 zeigt, daß die Pyrimidin-Nucleotide und Nucleoside etwa auf die gleiche Position wie die freien Pyrimidinbasen laufen, werden die Flecken zur genauen Identifizieruug in einem 2. Lösungsmittel noch einmal getrennt. Dazu werden die UV-absorbierenden Flecken mit Bleistift in Form von Zungen umrandet, die an einem Ende spitz und am andern breit sind. Diese Zungen werden aus dem Papier ausgeschnitten und in der in Abb. 16 dargestellten Weise eluiert: Aus einem Trog

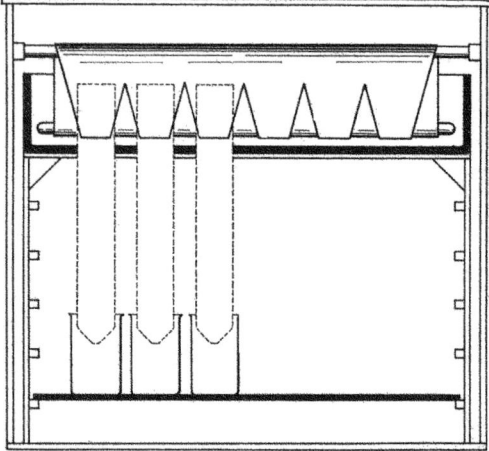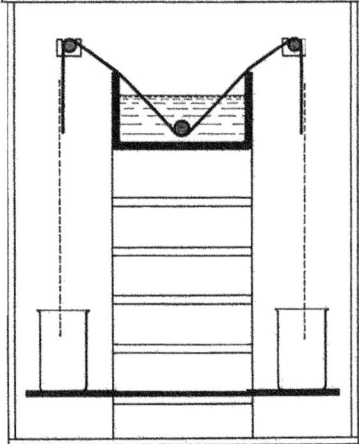

Abb. 16. Eluiereinrichtung. Links in der Vorderansicht, rechts im Schnitt. Auf einem der Höhe nach verstellbaren Gestell befindet sich die Schale mit der Eluierflüssigkeit (schwarz). Der Trägerbogen wird in der Eluierflüssigkeit durch einen dicken Glasstab festgehalten und hängt nach beiden Seiten, in Zungen geteilt, über Glasstäbe frei herab. An diese Zungen werden die zu eluierenden Chromatogrammausschnitte (gestrichelt) befestigt, so daß das Eluat aus diesen in darunter stehende Gläschen abfließen kann. Diese werden in der Größe der zu erwartenden Eluatmenge angepaßt. Sie müssen in der Höhe so eingestellt werden, daß sie dicht unter dem auslaufenden spitzen Zipfel stehen

saugt ein Filterpapier-Streifen Wasser. Die am breiten Ende leicht angefeuchtete Zunge haftet an diesem Filterpapier. In einem spitzen Gläschen unterhalb der Zungenspitze wird das Eluat gesammelt. Die Vollständigkeit der Elution kann man nach Trocknen der Zungen an ihrer UV-Absorption prüfen. In wasserdampfgesättigter Atmosphäre sind etwa 30 min für eine quantitative Elution erforderlich (etwa 0,5 ml Eluat). Die Eluate werden auf die Startflecken des Bogens 60×27 cm aufgetragen. Als Vergleichssubstanzen laufen Adenin, Guanin, Cytosin, Uracil, Cytidylsäure und Uridylsäure (je 0,01 ml) mit. Es wird absteigend mit 86%igem wäßrigem Butanol 12—15 Std lang getrennt. Wegen der relativ kleinen R_F-Werte der Nucleinsäure-Komponenten in diesem

Lösungsmittel läßt man dieses am unteren Papierrand abtropfen und schneidet dazu zweckmäßigerweise das Papierende zu einer Reihe kleiner Spitzen zu. Nach dem Trocknen des Papieres können die UV-absorbierenden Flecke entweder mit Bleistift umrandet oder durch Herstellung eines Photogramms lokalisiert werden. Photogramme können vor allem bei der Weiterverarbeitung von Chromatogrammen als permanente Belege wertvoll sein.

Aufgaben

1. Welche Nucleinsäure-Bausteine wurden in den Pollen nachgewiesen? Trage diese in Tabelle 10 ein.

Tabelle 10. R_F-Werte für Nucleinsäure-Bausteine

		Wasser, pH 10	86% Butanol	Vorkommen in Pollen
Basen	Adenin	0,37	0,38	
	Guanin	0,40	0,15	
	Cytosin	0,70	0,22	
	Uracil	0,76	0,31	
Nucleoside	Adenosin ...	0,49	0,20	
	Guanosin ...	0,68	0,15	
	Cytidin	0,76	0,12	
	Uridin	0,84	0,17	
Nucleotide	Adenylsäure ..	0,84	0,0—0,005	
	Guanylsäure ..	0,85	0,0—0,005	
	Cytidylsäure ..	0,89	0,0—0,005	
	Uridylsäure ..	0,88	0,0—0,01	

2. Treten nach den hier verwendeten Hydrolysebedingungen sowohl Purine als auch Pyrimidine als freie Basen auf?

3. Wie könnte man verfahren, wenn man dicht beieinanderliegende Flecken von Substanzen, die nur durch eine Farbreaktion aufzufinden sind (z. B. Aminosäuren oder Zucker), mit einem zweiten Lösungsmittel voneinander trennen will?

Literatur

MARKHAM, R.: In: Moderne Methoden der Pflanzenanalyse, Bd. IV, S. 246. Berlin-Göttingen-Heidelberg 1955. — WYATT, G. R.: In: The Nucleic Acids, Bd. 1, S. 243. New York 1955.

Sechste Übung

Extraktion und Hydrolyse

Arbeitsgeräte. Chromatographierkammer für absteigende Trennung (wie Abb. 5 oder 14), 1 Erlenmeyer-Kolben 100 ml, 6 Erlenmeyer-Kolben 50 ml, 2 Bechergläser 50 ml, 3 Abdampfschalen ⌀ 5 cm, Wasserbad, Thermometer, Meßzylinder 50 ml, Glasrohr ⌀ 8 mm (Jenaer Glas), Glasrohrschneider, Gebläsebrenner, Zentrifuge, Sandbad, Thermostat, Kühlschrank, Weithalsflasche mit Stopfen, dünnes Stanniolpapier, Pipette 0,1 ml (in 0,001 ml unterteilt), Pipette 1 ml (in 0,01 ml unterteilt), Fön, Sprüher.

Papier. Mittleres Papier: 1 Bogen 60(50) × 21 cm, 2 Bogen 60(50) × 15 cm, 1 Bogen 60(50) × 24 cm.

Chemikalien. 80 %iges Äthanol, Äther, 1 n-Perchlorsäure, Ribonuclease (kristallisiert), 1 n-HCl, konz. HCl, Butanol, Eisessig, 5 n-KOH; Indicator: Neutralrot (0,1 % in 60 % Äthanol), 1 n-Ammoniumhydroxyd.

Nachweisreagentien. Ninhydrin wie in Übung 3; Anilin-Phthalsäure wie in Übung 4.

Vergleichssubstanzen. Adenin, Guanin, Cytosin, Uracil wie in Übung 5.

Pflanzenmaterial. 4 g Bäckerhefe.

Zeitbedarf. Extraktion: 2 Std, Hydrolyse: 2 Std und über Nacht, Trennungen: Butanol-Eisessig-Wasser: etwa 18 Std, Wasser: etwa 5 Std.

Arbeitsvorschrift

a) **Vorbereitung der Versuchslösung.** *α) Extraktion der äthanol-, wasser- und ätherlöslichen Substanzen.* 4 g Bäckerhefe werden in einem 100 ml-Erlenmeyer-Kolben in 40 ml 80 %igem Äthanol suspendiert und auf dem Wasserbad unter wiederholtem Umschütteln zum Sieden erhitzt. Es wird zentrifugiert und der Extrakt in einem 50 ml-Erlenmeyer-Kolben aufbewahrt [Beschriftung: „Äthanol (I)"]. Der Rückstand wird erneut mit 40 ml 80 %igem siedendem Äthanol extrahiert und nach dem Zentrifugieren auch dieser Extrakt gesammelt [„Äthanol (II)"]. Es schließt sich eine 3. gleichartige Extraktion an [„Äthanol (III)"].

Die nächsten Extraktionen erfolgen mit Wasser, wiederum 3mal mit je 40 ml, zum Sieden erhitzt [„Wasser I, II, III"]. Der Rückstand wird schließlich mit 40 ml Alkohol-Äther, 3:1, auf dem Wasserbad 5 min bei 70° C extrahiert und dann zentrifugiert. Diese Fraktion wird verworfen.

β) Hydrolyse der äthanol-, wasser- und ätherunlöslichen Substanzen. Der Rückstand wird nun in einer Abdampfschale im Trockenschrank getrocknet und dient dem Vergleich verschiedener Hydrolysebedingungen zum Aufschluß des Unlöslichen.

In 5 einseitig zugeschmolzenen, 8—12 cm langen Glasrohren, die der Länge nach in die jeweils verwendete Zentrifuge passen müssen, werden je 20 mg Trockensubstanz gegeben. Vier dieser Glasrohre erhalten je 0,4 ml 1 n-Perchlorsäure zugesetzt. Sie werden mit Stanniolpapier verschlossen und 18 Std lang zur Hydrolyse der Ribonucleinsäure bei 4°C gehalten. Dem 5. Glasrohr wird 0,4 ml Ribonuclease-Lösung (1 mg/ml Wasser) zugesetzt. Der enzymatische Abbau der Ribonucleinsäure erfolgt 3 Std lang bei 37°C (Rohr mit Stanniolpapier verschließen). Anschließend werden alle 5 Glasrohre zentrifugiert und die Hydrolysate aufbewahrt („PCS" und „RNase"), wobei die Perchlorsäure-Hydrolysate aus den 4 Rohren durch Dekantieren in ein Reagensglas vereinigt werden. Die Rückstände in den Glasrohren enthalten nun noch überwiegend Polysaccharide und Proteine. Die Rückstände in den mit Perchlorsäure behandelten Rohren werden unter folgenden verschiedenen Bedingungen weiterhydrolysiert:

(1) 0,4 ml n-HCl, 2 Std 100°C (Beschriftung: „n-HCl").
(2) 0,4 ml konz. HCl-Eisessig, 1:1, 2 Std 100°C („konz. HCl-100°").
(3) 0,4 ml konz. HCl-Eisessig, 1:1, 2 Std 110°C („konz. HCl-110°-2 Std").
(4) 0,4 ml konz. HCl-Eisessig, 1:1, 16 Std (über Nacht) 110°C („konz. HCl-110°-16 Std").

Die an beiden Seiten zugeschmolzenen Rohre werden in einer verschlossenen Weithalsflasche bei den angegebenen Bedingungen im Thermostaten gehalten. Bei den Rohren, die konz. HCl-Eisessig enthalten, ist besonders sorgfältig darauf zu achten, daß beim Zuschmelzen keine Verdünnung der Glaswand auftritt (beim Rotieren des Rohres und des am offenen Ende angeschmolzenen Glasstabes nicht nach außen ziehen, bevor nicht das Rohr geschlossen ist). Am Beginn der Hydrolyse kontrolliert man zweckmäßigerweise im Thermostaten die Brauchbarkeit des Rohres.

γ) Vorbereitung der Hydrolysate für die Trennung. Die meisten Hydrolysate sind nicht direkt für die Trennung zu verwenden. Ein hoher Gehalt des Startfleckens an Säuren, Basen oder Salzen führt zu mangelhaften Trennungen („Schwanzbildungen").

1. Perchlorsäurehydrolysat. Die Perchlorsäure wird durch Zugabe von KOH neutralisiert und ausgefällt (als Indicator Neutralrot verwenden) und kann anschließend abzentrifugiert werden. Das Hydrolysat wird zur Trockne eingeengt und dann mit 1 ml Wasser aufgenommen. Davon werden 0,05 ml für einen Startpunkt verwendet.

2. Ribonuclease-Hydrolysat. Von diesem Hydrolysat werden 0,1 ml direkt auf den dafür vorgesehenen Startpunkt des Bogens

60×24 cm aufgetragen (s. unten). Die restlichen 0,3 ml werden mit 0,03 ml konz. HCl versetzt und im zugeschmolzenen Rohr 1 Std lang bei 100° C hydrolysiert. Das Hydrolysat ist vor dem Auftragen auf das Papier zweckmäßigerweise zu zentrifugieren, um das Aufbringen von Unlöslichem zu vermeiden. Man pipettiert 0,1 ml des Hydrolysates ab, am besten mit einer fein ausgezogenen Pipette, die an eine Kolbenspritze angeschlossen ist, und trägt auf einen Startpunkt auf („RNase-HCl").

3. Während kleine Mengen 1 n-HCl bei der Trennung nicht stören, muß konz. HCl vor dem Auftragen auf das Papier entfernt werden. Man zentrifugiert die betreffenden Rohre und entfernt die Salzsäure aus den Hydrolysaten entweder im Vakuum oder aus kleinen Abdampfschalen auf dem Sandbad. Es wird 3mal mit Wasser aufgenommen und wieder eingeengt. Die letzten Rückstände werden mit 0,4 ml Wasser aufgenommen und davon jeweils 0,01 ml für einen Startpunkt verwendet.

b) Trennprozeß. Es werden insgesamt mit den verschiedenen Extrakten und Hydrolysaten 4 Chromatogramme beschickt:

Chromatogramm Nr. 1 (Bogen 60×21). Auf die 6 Startpunkte im Abstand von 3 cm werden von links nach rechts aufgetragen jeweils 0,5 ml „Äthanol I, II, III", „Wasser I, II, III".

Chromatogramme Nr. 2 und 3 (Bogen 60×15). Auf je 4 Startpunkten werden von links nach rechts aufgetragen jeweils 0,01 ml: „n-HCl", „konz. HCl-100°", „konz. HCl-110°-2 Std", „konz. HCl-110°-16 Std".

Die Chromatogramme Nr. 1—3 werden absteigend in Butanol-Eisessig-Wasser 4:1:5 (organische Phase) getrennt.

Chromatogramm Nr. 4 (Bogen 60×24). Auf 7 Startpunkten werden von links nach rechts aufgetragen Adenin (0,01 ml), Guanin (0,01 ml), „RNase" (0,1 ml), „RNase-HCl" (0,1 ml), „PCS" (0,05 ml), Cytosin (0,01 ml), Uracil (0,01 ml). Dieses Chromatogramm wird absteigend mit Wasser, das mit NH_4OH auf p_H 10,0 eingestellt ist, getrennt (vgl. Übung 5).

c) Auswertung. Die Chromatogramme Nr. 1 und 2 werden mit Ninhydrin (vgl. Übung 2), Chromatogramm Nr. 3 mit Anilin-Phthalsäure (vgl. Übung 4) besprüht. Auf dem Chromatogramm Nr. 4 lassen sich die Nucleinsäure-Bausteine durch ihre UV-Absorption erkennen.

Aufgaben

1. Vergleiche die Mengen der in den aufeinanderfolgenden Extraktionen gewonnenen Aminosäuren und Zucker.

2. Vergleiche die Produkte der Ribonuclease-Hydrolyse ohne und mit anschließender Salzsäure-Hydrolyse untereinander — und mit den Produkten der Perchlorsäure-Hydrolyse.

3. Vergleiche das Auftreten von Zuckern und Aminosäuren nach den verschiedenen Salzsäure-Hydrolyse-Bedingungen. Welche der 4 Bedingungen würde man zum Nachweis und zur Analyse von Polysacchariden und welche für Proteine verwenden können ? Vergleiche den Einfluß von Säurekonzentration, Hydrolyse-Temperatur und Hydrolyse-Zeit.

Literatur

LORING, H. S.: In: The Nucleic Acids 1, 191. New York 1955. — MARKHAM, R.: In: Moderne Methoden der Pflanzenanalyse, Bd. IV, S. 246. Berlin-Göttingen-Heidelberg 1955. — OGUR, M., and G. ROSEN: Arch. Biochem. 25, 262 (1949). — PAECH, K.: In: Moderne Methoden der Pflanzenanalyse, Bd. I, S. 1. Berlin-Göttingen-Heidelberg 1954.

Siebente Übung
Bioautographie, Doppelchromatographie, Wuchsstoffe

Arbeitsgeräte. Chromatographie-Kammer wie Abb. 5 oder 14, Eluier-Einrichtung (Abb. 16), 10 hohe Bechergläser 25 ml, 15 kleine Petri-Schalen ⌀ 4 cm, 20 Petri-Schalen ⌀ 9 cm, 3 Erlenmeyer-Kolben 50 ml, 1 Erlenmeyer-Kolben 500 ml, 1 große Porzellan-Abdampfschale, 1 Entwicklerschale mit Glasplatte zum Abdecken; Schere, Glasstab, Pipette 2 ml, Pipette 0,1 ml (in 0,001 ml unterteilt), Uhrglas (⌀ 15 cm), Becherglas 500 ml hoch, Meßzylinder 250 ml, Saugflasche mit G 5-Fritte, Pinzette, Messer, Rasierklinge, Zerstäuber, UV-Lampe, Mixer, Kühlschrank, Millimeterpapier.

Papier. Ein Bogen mittleres Papier 35 × 15 cm, 1 Bogen weiches Papier 30 × 30 cm; es ist zu empfehlen, entweder „gewaschenes Papier" zu verwenden oder vor der Herstellung der Chromatogramme das Papier 1—2 Tage in einem hohen Becherglas im Lösungsmittel stehenzulassen. Nach Trocknen werden erst die Startpunkte aufgesetzt. Rundfilter ⌀ 9 cm, Schleicher & Schüll 595.

Chemikalien. Äther, peroxydfrei p. a., iso-Propanol, Ammoniak (spezifisches Gewicht 0,91), 4%ige Formol-Lösung, Äthanol, Calciumsulfat p. a., Citronensäure p. a., Dinatriumphosphat nach SÖRENSEN, Saccharose, *Indolreagens:* 100 ml 5%ige Perchlorsäurelösung und 2 ml 0,05 mol Eisenchloridlösung (1 g $FeCl_3 \cdot 6 H_2O$ auf 100 ml Wasser) kurz vor Gebrauch mischen und mit gleichem Volumen Alkohol verdünnen. β-Indolylessigsäure 0,01% Lösung.

Pflanzenmaterial. 500 g Rosenkohl oder Endosperm von 100 g Maissamen (2 Tage in Leitungswasser vorquellen und dann herauspräparieren) oder 20 g Samen von Lactuca sativa (in Petri-Schalen auf feuchtem Filtrierpapier 3 Tage ankeimen). Kresse-Samen (Lepidium sativum, frische Ernte), Erbsensamen („Sorte Alaska" oder andere; 10 min in der Formol-Lösung sterilisieren, 2 Std in Wasser spülen; dann auf feuchtem Verbandmull 2 Tage ankeimen lassen, drehen, so daß Wurzel nach unten zeigt und in Gaze einwachsen kann; nach etwa 4 Tagen für Test brauchbar).

Zeitbedarf. Extraktgewinnung: Vorbereitung 2 Std, dann über Nacht stehenlassen; Trennung: etwa 18 Std, Test und Elution: etwa 2 Tage.

Arbeitsvorschrift

a) **Extraktgewinnung.** Das gesäuberte Pflanzenmaterial wird mit der Schere zerkleinert, in den Mixbecher gegeben und 1 min lang zerschlagen. Dann in Becherglas geben und so viel Äther zugießen, daß Material eben bedeckt ist. Der Brei bleibt im Becherglas zugedeckt mit einem Uhrglas etwa 1 Std im Kühlschrank. Dann gießt man den Äther-Extrakt ab in einen Erlenmeyer-Kolben, der mit Watte zu verschließen ist. Der Brei wird erneut mit Äther übergossen und bleibt abgedeckt über Nacht im Kühlschrank bei etwa 4°C. Am folgenden Morgen wird der Äther wieder abgegossen und mit dem Extrakt des Vortages vereinigt. Eine letzte einstündige Extraktion mit etwa 250 ml Äther schließt sich an (Kühlschrank). Es ist darauf zu achten, daß alle Extraktionen unter strikter Vermeidung von Sonnenlicht möglichst im Dunkeln zu erfolgen haben. Die 3 vereinigten Äther-Extrakte werden im Dunkeln auf etwa 5 ml eingeengt.

b) **Trennprozeß.** Vom Extrakt werden je Startpunkt 0,2 ml nach dem Schema der Abb. 17 auf ein Chromatographier-Papier mittlerer Laufgeschwindigkeit aufgetragen (Chromatogramm Nr. 1). Die Trennung erfolgt eindimensional absteigend mit iso-Propanol-Ammoniak-Wasser im Volumenverhältnis 80:15:5. Während der Trennung ist der Chromatographier-Behälter durch Dunkelsturz oder Aufstellung im Dunkelraum vor direkter Beleuchtung zu schützen.

Auf dem quadratischen Bogen weichen Papieres (Chromatogramm Nr. 2) werden 0,4 ml auf einen Start-Punkt in der Ecke für ein zweidimensionales Chromatogramm (wie Abb. 18) aufgetragen. Die Trennung erfolgt in beiden Dimensionen mit dem gleichen (s. oben) Lösungsmittel (Doppelchromatographie). Nach dem Lauf in der 1. Dimension wird der Bogen 2 Std lang unter einer UV-Lampe exponiert, um eine photochemische Zersetzung zu erzielen.

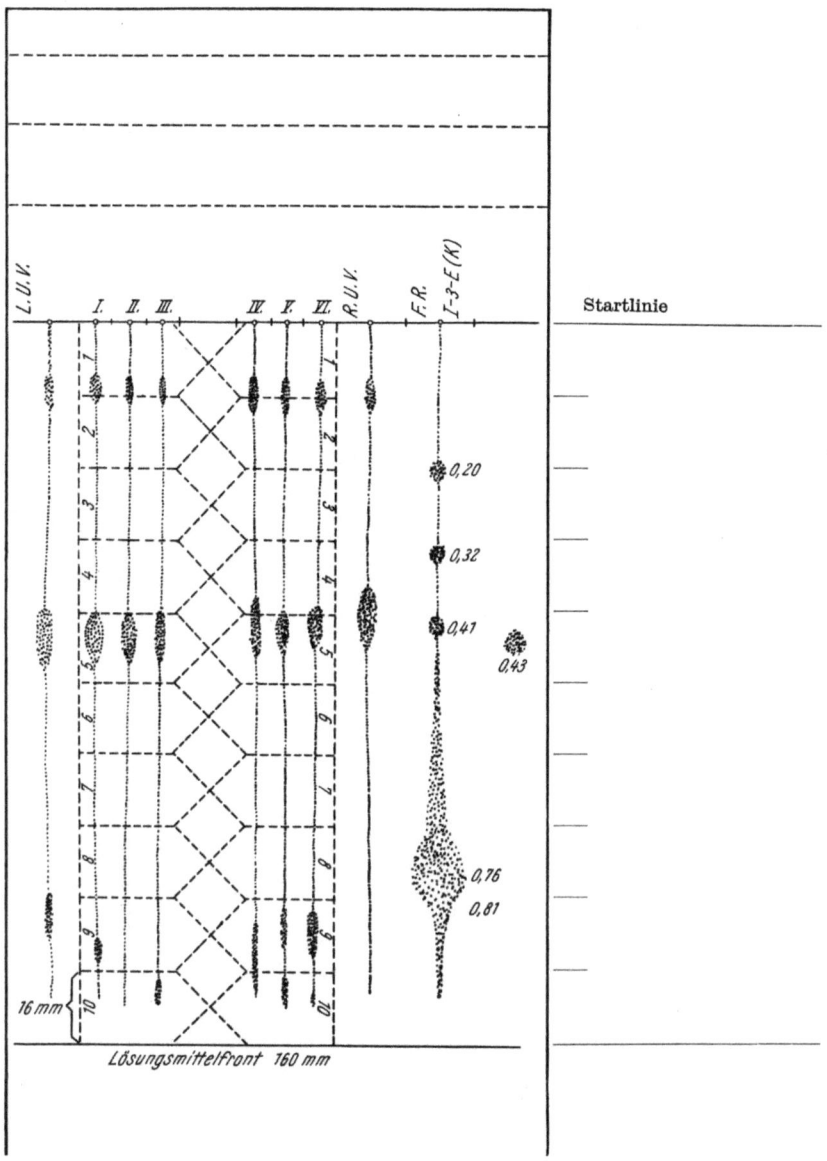

Abb. 17. Wuchsstoff-Chromatogramm. Die 3 oberen gestrichelten Linien stellen die Faltstellen des Chromatogrammpapiers dar (absteigende Trennung). Darunter liegt die Startlinie, auf welcher der pflanzliche Extrakt achtmal als Startpunkt aufgetragen ist: Die Punkte LUV und RUV dienen der Fluorescenz-Analyse. Die Punkte I—VI dienen der Elution und anschließenden physiologischen Testung: I—III Erbsentest, IV—VI Kressewurzel-Test. Dazu wird das Chromatogramm von der Startlinie bis zur Lösungsmittelfront entlang den gestrichelten Linien in 10 gleichgroße Abschnitte geteilt. Das Chromatogramm des Extraktes vom Punkt F.R. wird mit dem Indol-Reagens besprüht. Auf dem Punkt I—3—E(K) wird als Kontrolle Indol-3-Essigsäure aufgetragen und ebenfalls mit dem Indol-Reagens besprüht. Zwischen den Punkten III und IV größeren Raum zum Zuschneiden der Wimpel freilassen. — Rechts vom Chromatogramm werden die Blockdiagramme eingezeichnet, die Linie der Papierkante dient als Abszisse

c) **Auswertung.** Nach der Trennung wird das Chromatogramm Nr. 1 nach dem Schema der Abb. 17 in Zipfel aufgeteilt, die mit Bleistift numeriert worden sind. Diese Papierwimpel werden noch feucht auf die Zungen der Eluiereinrichtung (Abb. 16) aufgedrückt. Während des Elutionsprozesses mit dem Trennmittel (s. oben) ist diese

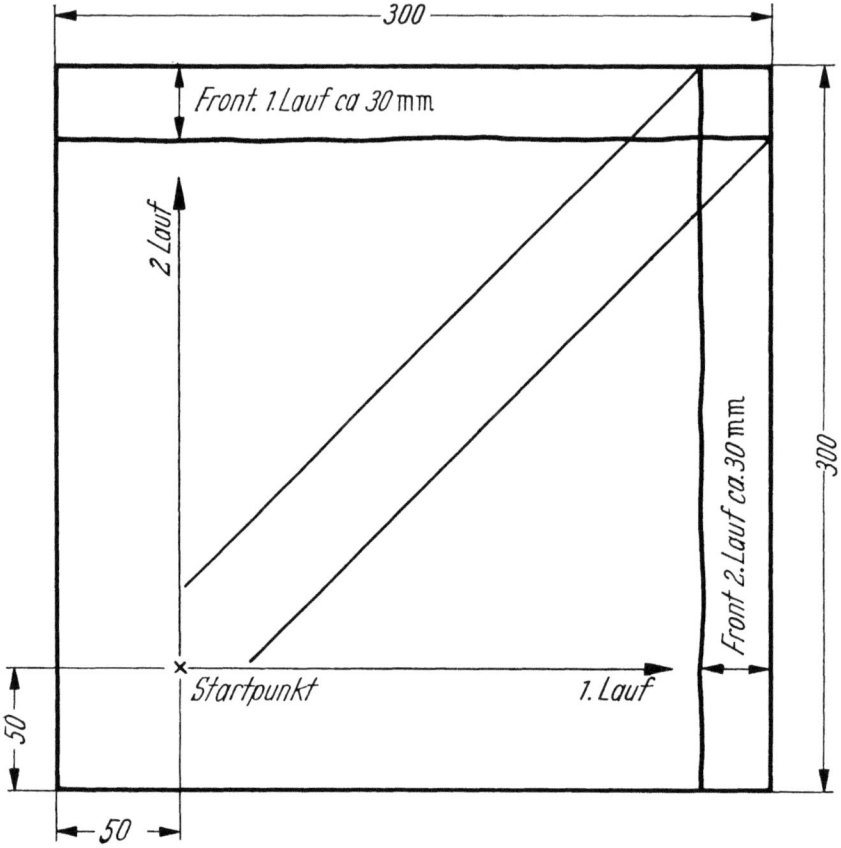

Abb. 18. Zweidimensionales Chromatogramm für die Doppel-Chromatographie

Kammer dunkel zu halten und der Luftraum entweder mit Stickstoff- oder CO_2-Gas zu füllen (eventuell auch Einstellen einer Schale mit Kohlensäure-Schnee auf den Boden). Die Kontrollstreifen LUV und RUV werden inzwischen unter der UV-Lampe analysiert und die fluorescierenden Flecken gestrichelt umrandet. Der Streifen FR wird mit dem Indol-Reagens besprüht und die entstehenden Farbflecken eingezeichnet.

Die Eluate der linken Reihe (I-II-III) werden mit Hilfe der Erbsenwurzel getestet. Die Eluate der Zipfel werden jeweils auf

2 ml aufgefüllt und getrennt in numerierte Petri-Schälchen gefüllt, denen 0,5 ml einer gepufferten Nährlösung (p_H 5,0) zugefügt wird. Diese wird zusammengestellt aus

0,11 g Calciumsulfat p. a.	gelöst in 100 ml doppelt destilliertem Wasser
0,33 g Saccharose	
0,62 g Citronensäure p. a.	
0,97 g Dinatriumphosphat nach SÖRENSEN	

Vor Gebrauch ist die Lösung durch Filtration über ein G5-Filter bakterienfrei zu machen.

In jedes Schälchen gibt man zehn 5 mm lange Wurzel-Stücke von Erbsen, die 4 Tage im Dunkeln angekeimt wurden. Die Schälchen bleiben 24 Std bei Zimmertemperatur im Dunkeln stehen. Danach wird die Längenzunahme gegenüber der Kontrolle gemessen und der Mittelwert je Schälchen errechnet.

Die Eluate der rechten Reihe (IV-V-VI) werden in gleicher Weise auf 2 ml aufgefüllt und in numerierte Petri-Schalen (⌀ 9 cm) gegeben, die mit einer Doppellage Filterpapier (Schleicher & Schüll Nr. 595, ⌀ 9 cm) ausgelegt sind. Dann werden je Schale 10 Keimlinge von Kresse vorsichtig mit der Pinzette übertragen. Diese Keimlinge werden erhalten, indem man 25 Std vor Testbeginn reichlich Kresse-Samen in eine große Entwicklerschale auf einer Doppellage feuchten Fließpapiers aussät und bei 27° C im Dunklen ankeimen läßt, so daß sie eine 4,5—5,5 mm lange Primärwurzel haben. Zum Test werden nur solche Samen verwendet, deren Wurzel gestreckt und 5 mm lang ist. Nach 17 Std (27° C, Dunkelheit) werden die Keimlinge einzeln auf Millimeter-Papier aufgelegt und ihre Länge bestimmt, wobei nur ganze Millimeter gerechnet werden. Gemessen wird stets der Abstand von der Wurzelspitze bis zum Ende der Wurzelhaar-Zone unterhalb des Samens. Je Schale wird der Mittelwert errechnet.

Das Chromatogramm Nr. 2 wird nach Trocknen mit dem Indol-Reagens besprüht und die entstehenden Flecken werden mit dem Bleistift umrandet und bezeichnet.

Aufgaben

1. Zeichne auf Grund der Mittelwerte der Tabelle 11 von beiden Versuchen ein *Blockdiagramm* in den Vordruck (Abb. 17). Dazu werden prozentuale Förderung bzw. Hemmung des Wachstums gegenüber der Kontrolle berechnet. Als Abszisse dient der Abstand in Zentimeter von der Startlinie. Die Förderung der Kontrolle wird als **gestrichelte Linie** parallel zur Abszisse durchgezogen und ermöglicht das Erkennen von Förderungs- und Hemm-Stoffen in den einzelnen Zipfeln. Ergebnisse des Erbsen-Testes mit **grünem** Stift

Tabelle 11

Ziptel	Erbsen-Test												Kressewurzel-Test										
	1	2	3	4	5	6	7	8	9	10	Mittelwert	Verhältnis zur Kontrolle	1	2	3	4	5	6	7	8	9	10	Mittelwert	Verhältnis zur Kontrolle
1																								
2																								
3																								
4																								
5																								
6																								
7																								
8																								
9																								
10																								
Kontrolle																								

auftragen, Ergebnisse des Kressewurzel-Testes mit roter Farbe protokollieren.

2. Ermittle durch Vergleich mit den beiden Konzentrationswirkungskurven (Abb. 19 und 20) für die beiden Teste eine relative

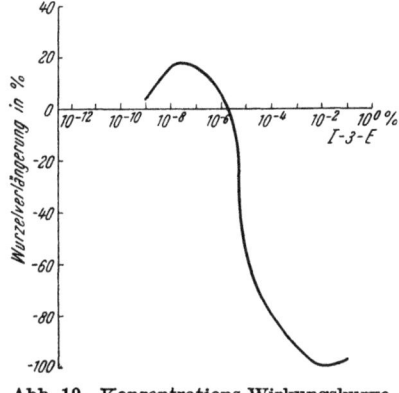

Abb. 19. Konzentrations-Wirkungskurve zum Kressewurzel-Test

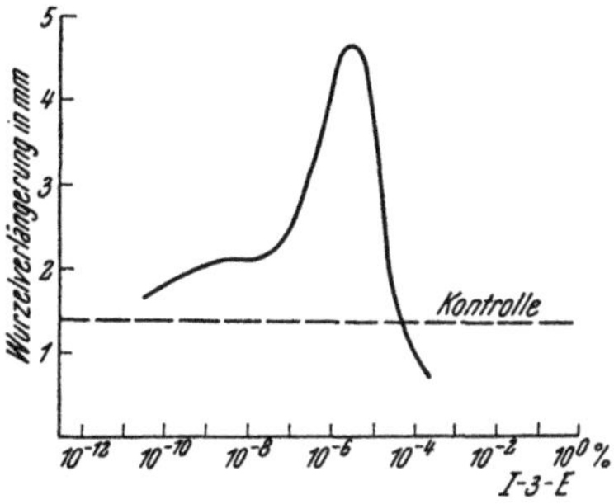

Abb. 20. Konzentrations-Wirkungskurve zum Erbsenwurzel-Test

Konzentration der Fraktionen bezogen auf die Wirkung von Indolylessigsäure (I-3-E).

3. Das Chromatogramm Nr. 2 wird einer Kontrolle unterzogen. Wie müßten die Flecken liegen, wenn durch die UV-Behandlung keine Zersetzung (Photolyse) stattgefunden hätte? Zeichne die Flecken in Abb. 18 ein.

Literatur

BÖHLING, H.: Planta (Berl.) **53**, 69 (1959). — DECKER, P.: Naturwissenschaften **44**, 305 (1957). — LINSER, H., u. O. KIERMAYER: Methoden zur Bestimmung pflanzlicher Wuchsstoffe. Wien: Springer 1957.

Achte Übung

Fluorescenznachweis, Flechtensäuren

Arbeitsgeräte. Chromatographierkammer (Abb. 5) für aufsteigende Methode, Reagensglasgestell mit 12 Reagensgläsern, 3 Trichter ⌀ 6 cm, Wasserbad, Dreifuß, Brenner, Schere, Pinzette, 1 Pipette 5 ml, 1 Pipette 2 ml, 3 Pipetten 0,1 ml (unterteilt in 0,01 ml), Zerstäuber; 2 Fluorescenzlampen: a) für kurzwelliges UV von der Wellenlänge 253 mμ (z. B. Minerallicht SI 2537 oder NH 2537 [oder s. Übung 5]), b) für langwelliges UV von der Wellenlänge 336 mμ (z. B. Philips HPW 125, Osram HQV 500), Fön, Schutzbrille.

Papier. Zwei Bogen mittleres Papier 28 × 30 cm; Filtrierpapier.

Chemikalien. Benzol, Aceton, Äther, n-Butanol, konzentrierte Schwefelsäure p. a., konzentrierte Salzsäure p. a., diazotiertes Benzidin (5 g Benzidin in 15 ml konzentrierter Salzsäure lösen und mit 980 ml destilliertem Wasser verdünnen, vor Gebrauch mit gleichem Volumen einer 10%igen Natriumnitrit-Lösung vermischen und so lange rühren, bis Mischung klar und hellgelb, innerhalb 10 min verbrauchen), 0,1 molare Lösung Trinatriumphosphat (3,8 g $Na_3PO_4 \cdot 12\ H_2O$ in 100 ml Wasser gelöst). Usninsäure (Bezugsquelle: C. Roth, Karlsruhe).

Zeitbedarf. Extraktgewinnung und Vorbereitung: etwa 2 Std, Trennung: 12 Std, Auswertung: etwa $1/2$ Std.

Pflanzenmaterial. Trockenes, von anhaftenden Moos- und Erd-Resten befreites Flechtenmaterial (auch Herbar-Material brauchbar) folgender Gattungen: (1) Peltigera, (2) Certraria (Isländisches Moos), (3) Cladonia (Rentierflechte); auch andere Gattungen und Arten sind geeignet.

Arbeitsvorschrift

a) Extraktgewinnung. Von jeder Flechtensorte werden 100 mg trockenes Material abgewogen, mit der Schere zerkleinert, zwischen den Fingern zerrieben und in ein Reagensglas gegeben. Das Pulver wird 5mal nacheinander mit je 0,5 ml Benzol übergossen und abfiltriert. Der Benzolextrakt kann verworfen werden. Es schließt sich eine Extraktion des abgetrockneten Materials von jeweils 10 min mit je 0,5 ml Aceton an. Die Reagensgläser werden dazu kurz in ein kochendes Wasserbad gestellt. Diese Aceton-Extraktion wird ebenfalls 5mal wiederholt, die abfiltrierten Extrakte vereinigt und auf dem Wasserbad auf ein Volumen von 0,5 ml eingeengt.

b) Hydrolyse. Die Hälfte eines jeden Extraktes wird in ein anderes Reagensglas gefüllt, zur Trockne eingedampft und mit 1 Tropfen konzentrierter Schwefelsäure versetzt. Man läßt die Röhrchen 5—10 min unter wiederholtem Schütteln (Vorsicht!) bei Zimmertemperatur stehen, verdünnt mit je 2 ml destilliertem Wasser und schüttelt mit 0,3 ml Äther aus. Der Ätherextrakt wird wie die nicht hydrolysierte Hälfte des Acetonextraktes zur Chromatographie verwandt.

c) Trennprozeß. Zwei Bogen werden in je 7 Zungenstreifen aufgeteilt (Abb. 21). Die Trennung erfolgt in 2 verschiedenen Laufmitteln:

1. n-Butanol-Äthanol-Wasser im Verhältnis 4:1:5; das Gemisch wird nach Schütteln im Scheidetrichter getrennt und die obere Phase verwendet.

2. Eine Herabsetzung der R_F-Werte und bessere Trennung wird erzielt, wenn man das Chromatogramm vor dem Aufbringen der Analysenlösung imprägniert. Dazu wird mit Hilfe des Zer-

stäubers die Lösung von Natriumphosphat aufgesprüht. Es ist darauf zu achten, daß das Papier gleichmäßig angefeuchtet wird und die Salz-Lösung nicht abtropft, die Saugkraft des Papieres also nicht überschritten wird. Das Papier wird an der Luft getrocknet (etwa 2 h). Trennmittel: Butanol, wassergesättigt.

Dann trägt man die Extrakte (1), (2), (3) sowie die Hydrolysate (4), (5), (6) und als Vergleichssubstanz 0,02 ml einer 3%igen Usninsäure-Lösung in Aceton auf die Startpunkte auf. Zum Antrocknen der Tropfen verwendet man den Fön, so daß das Lösungsmittel schneller verdunstet und eine Konzentrierung erreicht wird. Der Tropfen darf jedoch nicht auslaufen. Die Trennung erfolgt nach der aufsteigenden Methode, Steighöhe etwa 20 cm. Die Streifen werden im Trockenschrank getrocknet.

d) **Auswertung.** Vor dem Auftragen eines Reagens werden die Streifen einer sorgfältigen Analyse auf Fluorescenzerscheinungen und -farben hin unterworfen. Dabei achtet man darauf, daß kein UV-Licht in das Auge treffen kann. Schutzbrille aufsetzen.

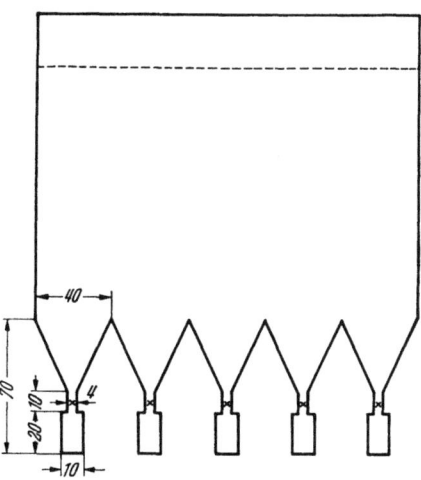

Abb. 21. Zuschnitt der beiden Bogen 28 × 30 cm in Zungen. Der Startpunkt liegt bei „×" auf dem schmalen Steg

1. Die im **kurzwelligen** UV-Licht sichtbaren Fraktionen werden mit dem Bleistift **gestrichelt** umrandet und mit der jeweiligen Fluorescenzfarbe beschriftet.

2. Dann wird als **Nachweisreagens** diazotiertes Benzidin aufgesprüht. Die Streifen werden danach 5 min in fließendem Wasser gespült. Das Reagens kuppelt mit zahlreichen Flechtensäuren zu charakteristischen Farbstoffen. Bei **Tageslicht** werden nach erneutem Trocknen die sichtbar gewordenen Farbflecken mit **ausgezogener** Linie umrandet und mit Farbbezeichnungen versehen.

3. Nun werden die Streifen unter einer Lampe mit **langwelligem** UV-Licht untersucht: Die jetzt sichtbar werdenden Flecken begrenzt man mit einer **punktierten** Linie und notiert daran die beobachteten Fluorescenzfarben. Die so ausgewerteten Chromatogramm-Streifen können nunmehr anhand der Tabelle 12

durch Vergleiche der R_F-Werte und der verschiedenen Farbreaktionen auf ihre typischen Komponenten hin untersucht werden.

Aufgabe

Versuche eine Identifizierung der auftretenden Flechtensäuren. Welches sind die für die untersuchten Flechtenarten typischen Muster von Flechtensäuren?

Literatur

WACHTMEISTER, C. A.: Bot. Not. (Lund) **109**, 313 (1956). — HESS, D.: Planta (Berl.) **52**, 65 (1958).

Tabelle 12

Flechtenstoffe		R_F-Werte in Butanol-Äthanol-Wasser	Fluorescenz bei kurzwelligem UV-Licht	Farbreaktion nach Besprühen mit diazotiertem Benzidin	
				bei Tageslicht	im langwelligen UV-Licht
Depside	Evernsäure	0,63	dunkelblau	rot	carmin
	Divaricatsäure	0,73	blau	braunrot	rotviolett
	Sphärophorin	0,79	dunkelblau	braunrot	carmin
	Imbricarsäure	0,14	blau	hellbraun	blaurot
	Gyrophorsäure	0,60	blauviolett	rot	blaurot
	Umbellicarsäure	0,33	blauviolett	rot	blaurot
	Orsellinsäure	0,91	violett	rot	blaurot
	Barbatinsäure	0,71	dunkelblau	hellbraun	dunkelbraun
	Diffractasäure	0,69	hellblau	hellbraun	dunkelbraun
	Atranorin	0,73	hellgrün	hellbraun	orange
	Squamatsäure	0,13	blau	hellbraun	grau
	Thamnolsäure	0,09	gelblich	orange	orange
	Barbatolsäure	0,42	gelblich	hellorange	rotbraun
Depsidone	Physodsäure	0,77	dunkelblau	rosa	graurosa
	α-Collatolsäure	0,82	dunkelviolett	hellbraun	dunkelgrau
	Fumarprotocetrarsäure	0,30	gelbgrün	—	—
	Cetrarsäure	0,43	gelblich	leichtgelb	grau
	Pannarin	0,02	hellblau	rotbraun	rotviolett
Dibenzofuran-Derivat	Usninsäure	0,85	dunkelviolett	—	—

Neunte Übung

Farbstofftrennung
A. Trennung von Chloroplasten-Farbstoffen

Arbeitsgeräte. Apparatur zur Ring-Chromatographie (Abb. 22): 2 gleiche Glasplatten (⌀ etwa 30 cm) erhalten in der Mitte eine Bohrung von 10 mm Durchmesser. Ein flaches Glasschälchen ohne Ausguß, etwa 6 cm ⌀, ein Becherglas 50 ml, hoch, ohne Ausguß; 4 Glaswürfel (Scherbenstückchen 2 mm dick), Porzellan-Abdampfschale 250 mm ⌀ 15 cm; 1 Becherglas, breit, 100 ml; 1 Entwicklerschale etwa 30 × 40 cm; 1 Uhrglasschale zum Abdecken, 1 Erlenmeyer-Kolben 200 ml. Glasstab. Spitz ausgezogenes Glasrohr (⌀ 5 mm), 1 Pipette 1 ml, 1 Pipette 5 ml, Schere, Mixer (oder Reibschale mit Pistill), Exsiccator, Wasserstrahlpumpe, Trockenschrank, Sperrholzbrettchen etwa 30 × 40 cm, Skalpell, Zirkel, Fön, Leukoplast, Zentrifuge, dunkles Tuch etwa 50 × 50 cm.

Papier. Ein Bogen Glasfaserpapier (z. B. Schleicher & Schüll 6 C).

Chemikalien. Aceton p. a., Benzin reinst, Äthanol p. a., Phosphatpuffer-Lösung p_H 7,2 (6,19 g $Na_2HPO_4 \cdot 2 H_2O$ und 0,5 g Citronensäure p. a. gelöst in 200 ml Wasser).

Pflanzenmaterial. 10 g frische, grüne Blätter, geeignet sind Brennessel, Kapuzinerkresse, Porree, Rhododendron. Nach Möglichkeit vorher im Trockenschrank oder Exsiccator antrocknen.

Zeitbedarf. Extraktherstellung und Vorbereitung: etwa 3 Std, Trennung: 30—40 min.

Arbeitsvorschrift

a) **Extraktgewinnung.** Das frische Blattmaterial wird kurz abgespült, mit der Schere zerkleinert, in den Mixbecher gegeben und kurz zerschlagen (eventuell im Mörser mit Quarzsand verreiben). Der Brei wird in ein Becherglas gefüllt und 5mal hintereinander mit 20 ml kaltem (etwa 4° C) Aceton übergossen, jeweils 5 min stehengelassen und dann abgegossen. Die in einem Erlenmeyer-Kolben vereinigten Extrakte werden kurz zentrifugiert (2—3 min etwa 5000 U/min). Die überstehende, klare Flüssigkeit läßt man in einer weißen Porzellanschale eindampfen. Das Lösungsmittel verdunstet im Vakuum-Exsiccator bei Zimmertemperatur vollständig bis zur Trockne. Der Rückstand wird mit 5 ml Aceton aufgenommen. Während der Trocknung nicht erhitzen, sondern lediglich dafür sorgen, daß der an der Unterseite der Schale entstehende Kondensationsschnee entfernt wird.

b) **Trennung.** Inzwischen wird die Trennung vorbereitet. Der Bogen Glasfaserpapier wird vorsichtig durch das Pufferbad gezogen und dann zwischen 2 Filterpapieren angetrocknet und anschließend in horizontaler Lage bei 105° C getrocknet (etwa 15 min). Sodann wird auf dem Bogen eine Scheibe von 25 cm Durchmesser mit dem

Zirkel vorgezeichnet. Dazu muß der Bogen auf eine Sperrholzplatte gelegt werden, da er sehr brüchig ist. Mit dem Skalpell schneidet man die Scheibe aus, dabei wird das Messer mit leichtem Druck in Richtung auf das Heft hin gezogen. Die Papierscheibe wird unter Vermeidung von Brüchen und Knicken in die Apparatur (Abb. 22) eingelegt. Dann erfolgt das Auftragen des Extraktes: Etwa 1 ml läßt man langsam capillar im Mittelpunkt aufsaugen, wobei ein kalter Luftstrom (Fön) die Verdunstung des Lösungsmittels beschleunigt. Der Durchmesser des Auftropfpunktes darf nicht mehr als 3,5 cm betragen. Vor dem Anbringen der zentralen Bohrung wird durch 1 Tropfen Aceton der konzentrierte Extrakt

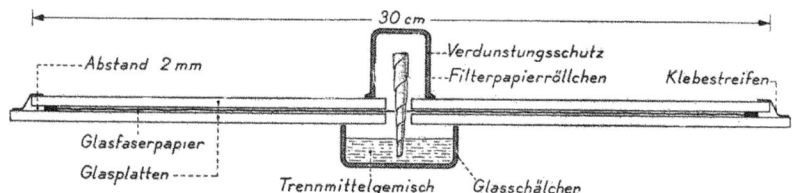

Abb. 22. Apparatur zur Ring-Chromatographie auf Glasfaserpapier

aus dem Zentrum verdrängt. Dann wird durch langsames, drehendes Einstechen eines spitz ausgezogenen Glasrohres eine Bohrung von 0,5 cm Durchmesser hergestellt; eventuell auch scharf gespitzten, harten Bleistift verwenden.

Die Deckelscheibe wird unter Zwischenlegen der Glasstücke aufgelegt und der Spalt rundum mit Leukoplast verschlossen. Das flache Schälchen wird mit Benzin gefüllt und zur Sättigung des Glasfilters für 2 Std untergeschoben. Dann stößt man in die Bohrung der Scheiben durch die Mitte des Auftragpunktes ein konisch geformtes Röllchen Filtrierpapier. Man erhält dies durch Aufdrehen eines 8 cm langen und 2,5 cm breiten Streifens harten Papiers mit geringer Sauggeschwindigkeit (z. B. Whatman 3, Schleicher & Schüll 2045, Macherey & Nagel 263, Ederol 214).

Den nach unten heraustehenden Docht läßt man in das Trennmittel-Gemisch tauchen. Dies besteht aus 25 ml Benzin und 0,33 ml absolutem Äthanol. Nach Möglichkeit ist während der Trennung das Auftreffen von direktem Licht auf die Apparatur durch Dunkelsturz oder Tuch zu vermeiden.

Aufgaben

1. Wieviel Komponenten werden bei der Trennung sichtbar?

2. Welche Komponenten verblassen als erste, wenn das Chromatogramm am Licht aufbewahrt wird?

Literatur

HAGER, A.: Chloroplastenfarbstoffe. In: Papierchromatographie in der Botanik, 2. Aufl., S. 226—227. Berlin-Göttingen-Heidelberg 1959.

B. Trennung von Chymochromen
(zellsaftlöslichen Pigmenten)

Arbeitsgeräte. Chromatographierkammer wie Übung Nr. 2 (Abb. 5); 4 Erlenmeyer-Kolben 50 ml, 4 kleine Mörser mit Pistill, Pipette 10 ml, Pipette 0,1 ml, Meßzylinder, Becherglas 250 ml, 4 Abdampfschalen ⌀ etwa 5 cm, Thermometer, Schere, 4 Glasstäbe, Brenner, Dreifuß, Asbestnetz, Lineal. UV-Lampe (z. B. Hanauer Analysenquarzlampe PL 320).

Papier. Ein Bogen mittleres Papier 20×30 cm.

Chemikalien. 1%ige methanolische Salzsäure (1 Volumenteil konz. HCl p. a. und 37 Volumenteile Methanol p. a.), n-Butanol, Eisessig, 1%ige wäßrige Natriumcarbonat-Lösung, konz. Ammoniak.

Pflanzenmaterial. Blüten verschiedenfarbiger Sorten, z. B. blaue und rote Petunia, rote und gelbe Dahlie, Stiefmütterchen, Tulpen, Cyclamen, Fresia, Gerbera od. dgl.

Zeitbedarf. Extraktherstellung: etwa $1^1/_2$ Std, Trennung: 10—16 Std.

Arbeitsvorschrift

a) Extraktgewinnung. Von jeder Blütensorte werden je 2×1 g frisches Material zerkleinert und in vier Erlenmeyer-Kolben mit 10 ml methanolischer Salzsäure übergossen. Man läßt 1 Std im Dunkeln stehen (erschöpfende Extraktion in 4—5 Tagen). Dann wird von jeder Sorte ein Kölbchen 15 min lang auf 100° erhitzt (milde Hydrolyse). Die Extrakte werden vorsichtig in Abdampfschalen gegossen und im Luftstrom (Fön) auf $1/_4$ eingedampft.

b) Trennprozeß. Die 2 Extrakte und die 2 Hydrolysate werden auf die Startpunkte von Papierstreifen aufgetragen, die vorher gemäß Abb. 21 zurechtgeschnitten worden sind. Als Trennmittel für die aufsteigende Chromatographie dient Butanol-Eisessig-Wasser (Volumenverhältnis 6:1:2).

c) Auswertung. Die meisten Chymochrome geben sich auf dem Papier bereits durch ihre natürliche Färbung zu erkennen. Zur Gruppenidentifizierung werden die Chromatogrammstreifen vor und nach einer Alkali-Behandlung (Besprühen mit einer 1%igen

Natriumcarbonat-Lösung oder Ammoniak-Atmosphäre) bei Tageslicht und unter der UV-Lampe analysiert (Tabelle 13).

Tabelle 13

Verbindungs-Typ	Unbehandelt		Nach Alkalisierung		Blüte (1)	Blüte (2)
	Tageslicht	UV-Licht	Tageslicht	UV-Licht		
Anthocyane.	rot, violett	dunkel-braun-schwarz	blau			
Flavone ..	schwach gelb, selten farblos	dunkel-braun	gelb	hell- bis dunkelgelb		
Flavonole .	schwach gelb	gelb	gelb, orange	intensiv gelb, grün		
Flavonol-3-glykosid	schwach gelb, farblos	dunkel-braun,	gelb	hell- bis dunkelgelb		
Flavanone .	farblos	farblos	mit KOH gelb	mit KOH gelb		
Catechine. .	farblos	farblos	farblos, eventuell rötlich	uncharakteristisch		

Aufgaben

In wie vielen Komponenten sind die beiden Blütentypen verschieden? Sind die Unterschiede qualitativ oder quantitativ? Welche Verbindungstypen sind in der Überzahl?

Literatur

KESSLER, G.: Zs. Pflanzenzüchtung 42, 262 (1956). — WERCKMEISTER, P.: Züchter 24, 224 (1954).

Zehnte Übung

Plattentest, Antibiotica

Arbeitsgeräte. Chromatographie-Kammer wie Abb. 1 oder 8. 30 Petri-Schalen ⌀ 9 cm (einzeln in Zeitungspapier eingewickelt, 2 Std bei 160° C sterilisiert), 2 Instrumentenschalen mit Deckel, etwa 10×25 cm, oder 2 Entwicklerschalen mit Glasplatte zum Abdecken; 1 Erlenmeyer-Kolben 500 ml, 1 Mörser mit Pistill, 4 Pipetten 1 ml, 1 Pipette 25 ml, 1 Erlenmeyer-Kolben 50 ml. Zentrifuge, 1 Spatel, Pinzette, Thermostat, Kühlschrank, Schere, Lineal.

Papier. Ein Bogen mittleres Papier 25 × 7 cm mit Zuschnitt gemäß Abb. 23. Streifenweite 1 cm, Lücken 1 cm; 2 Bogen Filtrierpapier.

Chemikalien. Methanol p. a., Äther, peroxydfrei p. a., 1 n-Salzsäure p. a., 1 n-KOH p.a. (56,119 g/1000 ml Wasser), Dinatriumphosphat nach SÖRENSEN (28%ige wässrige Lösung), 85%ige Phosphorsäure p.a., Kochsalz p.a., Penicillin, Pepton, Agar, Fleischextrakt, p_H-Indikatorpapier, Quarzsand.

Pflanzenmaterial. Eine gut wachsende Kultur von Penicillium, etwa 5 Tage alt, oder eine Roggenbrotscheibe gut befeuchten und in großer Petri-Schale 5 Tage lang bebrüten. Stammkultur von Bac. subtilis.

Zeitbedarf. Trennprozeß: 3—5 Std, Plattentest: etwa 24 Std, Herstellung der Testplatten: etwa 2 Std.

Arbeitsvorschrift

a) Extraktgewinnung. Zum Test kann entweder eine Penicilliumreinkultur, das bewachsene Substrat oder das Kulturfiltrat verwendet werden. Festes Material wird mit einer Spatelspitze Quarzsand kurz zerrieben und dann 3 min lang mit einem Gemisch von 9 Teilen Methanol und 1 Teil normaler Salzsäure geschüttelt. Auf 10 g Material nimmt man 50 ml des Extraktionsmittels. Nach Zentrifugieren (3 min 2000 U/min) wird die klare überstehende Flüssigkeit mit 1 n-KOH neutralisiert. Dann wird der Extrakt durch Verdunstenlassen des Methanols auf etwa $1/4$ konzentriert. Er ist dann sofort zum Auftragen auf die Startpunkte brauchbar. Wird jedoch das flüssige Kulturfiltrat (Kulturmedium) getestet, so wird dieses nach Abzentrifugieren des Mycels ebenfalls auf etwa $1/4$ eingedampft und dann unmittelbar auf das Chromatogramm aufgetragen.

b) Trennung. Zur Trennung wird ein Streifen mittleres Papier gemäß Abb. 23 zugeschnitten und dann durch eine Pufferlösung von p_H 6,2 (3,5 ml 85%ige Phosphorsäure und 100 ml Wasser, darin gelöst 28 g $Na_2HPO_4 \cdot 2\,H_2O$) gezogen. Die puffergetränkten Streifen werden zwischen 2 Bogen frischen Fließpapiers gepreßt und an der Luft getrocknet. Es ist darauf zu achten, daß sich die Streifen während des Trocknungsvorganges nicht verziehen und wellen. Auf jedem Streifen markiert man 4 cm von der Unterkante einen Startpunkt und trägt auf den Streifen (A) 0,5 ml einer Lösung von 2 Penicillin-Einheiten — gelöst in einer 1%igen Phosphatpuffer-Lösung, p_H 6,2 (s. o.) —, auf die Streifen (1) und (2) je 0,8 ml des auf Antibiotica zu untersuchenden Extraktes.

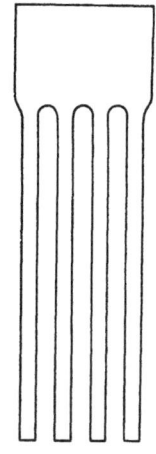

Abb. 23. Geeignete Zuschnittform für aufsteigende Papierchromatographie. Die Streifen sind 10 mm breit, die Zwischenräume sind ebenfalls 10 mm breit

Auf den Boden der Kammer pipettiert man etwa 2 ml destilliertes Wasser, hängt die Streifen in die Kammer, um das Papier in der wasserdampfgesättigten Atmosphäre zu sättigen. Nach 1—2 Std kann die Trennung beginnen. Dazu wird in die Wanne für eine aufsteigende Trennung das Trennmittel, wassergesättigter Äther, eingefüllt. Die Chromatographie erfolgt bei möglichst konstanter Raumtemperatur.

c) **Nachweisverfahren.** Der Nachweis der Antibiotica erfolgt durch Auflegen der Chromatogrammstreifen auf Testplatten, die mit Bakterien beimpft sind.

Herstellung der Testplatten. Die beiden eckigen Schalen und die 30 Petri-Schalen werden nach Sterilisation etwa 2 cm tief mit einem

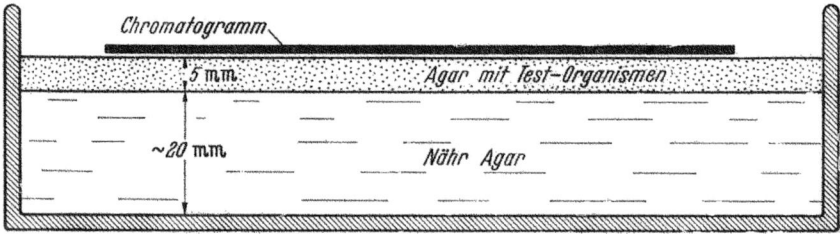

Abb. 24. Füllung der Testplatten mit Nähr- und Test-Agar

sterilen Agar gefüllt (Abb. 24). Je Petri-Schale von ⌀ 9 cm werden 17,5 ml benötigt. Dieser hat folgende Zusammensetzung:

Fleischextrakt (z. B. Oxo-Lab Lemco)	3 g
Pepton (z. B. Ciba B)	5 g
Kochsalz	2,5 g
Agar	15,0 g
Leitungswasser	1000 ml

Der p_H-Wert wird auf 7,2 eingestellt. — Als Testorganismus wird eine Sporensuspension von Bac. subtilis verwendet. Diese gewinnt man auf folgende Weise: Eine Flüssigkeitskultur (2 g Pepton, 3 g Fleischextrakt auf 1000 ml Wasser) wird mit Bac. subtilis beimpft und 6 Tage lang bei 30° C unter häufigem Schütteln (möglichst auf Schüttelmaschine) kultiviert. Sodann wird die Suspension 10 min lang auf 80° C erhitzt. Diese Stammkultur kann bis etwa $1/2$ Jahr im Kühlschrank aufbewahrt bleiben. Von dieser Sporensuspension wird 1 ml je 100 ml Nährboden zugesetzt, dieser ist dazu vorher zu verflüssigen und in einem sterilen Kolben auf etwa 50° C abkühlen zu lassen. Insgesamt werden für den beschriebenen Test je nach Schalenform etwa 600 ml sterilen Nähragars als Basalmedium sowie etwa 200 ml Testagar mit Sporensuspension benötigt. Auf die bereits in die Testschalen gegossene und erstarrte

Basalschicht wird nunmehr der Testagar mit Sporensuspension vorsichtig in einer Dicke von 5 mm aufgegossen (entspricht 5 ml je Petri-Schale). Nachdem das Medium bei aufgelegtem Deckel erstarrt ist, können die Testschalen bei 3° C etwa 1 Woche lang aufbewahrt bleiben. Sie stehen dann jederzeit zum Test bereit.

Plattentest. Nach der chromatographischen Trennung läßt man das Trennmittel verdampfen und legt dann Streifen (A) und (1) auf je eine große Platte („Platten-Methode") auf. Es ist darauf zu achten, daß sie dicht auf der Oberfläche aufliegen, ohne eingedrückt zu werden! Der Streifen (2) wird in Quadrate zerlegt. Jedes dieser numerierten Papierquadrate kommt in die Mitte einer mit Bakteriensuspension-Agar beschickten Petri-Schale („Quadrat-Methode").

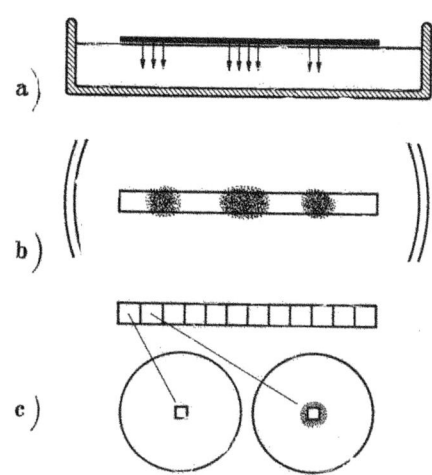

Abb. 25. Schema des Plattentestes. a Nach Auflegen des Chromatogramms diffundieren die Stoffe in den Agar. b Im Bereich der antiobiotischen Stoffe entstehen Hemmhöfe („Platten-Methode"). c Die numerierten Papierquadrate werden einzeln in die Mitte einer Petri-Schale gelegt und geben nach Maßgabe ihres Gehaltes an antibiotischen Stoffen einen Hemmhof („Quadrat-Methode")

Alle Testplatten werden 3 Std in den Kühlschrank gestellt, anschließend werden die Papiere

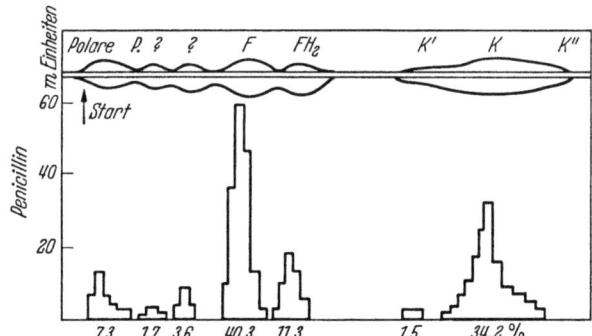

Abb. 26. Trennung von Penicillinen. Oben: Hemmhöfe nach Auflegen des Chromatogrammstreifens auf eine mit B. subtilis beimpfte Agar-Platte. Unten: Streifen zur genaueren quantitativen Bestimmung in Quadrate zerschnitten und jedes für sich getestet. Der log der Konzentration (log der Einheiten) ist dem Durchmesser des Hemmhofes proportional. F-, Dihydro-F-, K-, K'-, K''-Penicilline

entfernt und die abgedeckten Schalen 18 Std bei 28° C bebrütet. Danach sind die Bakterien in dem Agar gewachsen, lediglich im Bereich diffundierter antibiotischer Stoffe sind Hemmhöfe entstanden.

d) **Auswertung.** Die „Plattenmethode" gestattet eine genaue Lokalisierung der antibiotischen Fraktionen des Extraktes. Die „Quadrat-Methode" ermöglicht eine quantitative Bestimmung der Konzentrationen, da der Logarithmus der Konzentration proportional dem Durchmesser des Hemmhofes ist (Abb. 25, 26).

Aufgaben

1. Plattentest: Zeichne die Lage der Hemmhöfe der Streifen (A) und (1) in das Schema ein.
2. Quadrat-Methode: Trage den Durchmesser der Hemmhöfe (Ordinate) in Abhängigkeit von der Entfernung vom Startpunkt (Abszisse) als Blockdigaramm auf.

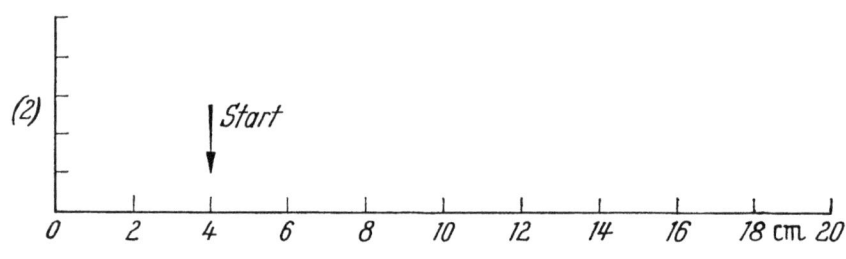

Literatur

KARNOVSKY, M. L., u. M. J. JOHNSON: Analyt. Chem. 21, 1125 (1949). — LINSKENS, H. F.: Mikrokosmos 46, 235 (1957).

Elfte Übung

Alkaloide

Arbeitsgeräte. 4 Petri-Schalen ⌀ 9 cm, 3 Trichter, 1 Scheidetrichter, Reagensglasgestell mit 9 Reagensgläsern, 1 Mörser mit Pistill, 3 Porzellanschälchen, 1 Stativ mit Ring, Fön, 2 Pipetten (5 ml, 0,1 ml), Skalpell, Schere, Sprüher. Trockenschrank.

Chemikalien. 1 n-KOH (11,22 g auf 200 ml Äthanol), 1 n-HCl, Chloroform p. a., $1/15$ mol Phosphat-Puffer nach SÖRENSEN p_H 7,1 (0,3 g KH_2PO_4

und 0,8 g $Na_2HPO_4 \cdot 2\,H_2O$ gelöst in 100 ml Wasser), Chloroform p. a., *Dragendorff-Reagens:* 17 g basisches Wismutsubnitrat p. a. werden in konzentrierter Essigsäure aufgelöst und mit 800 ml destilliertem Wasser verdünnt, 160 g Kaliumjodid p. a. werden in 400 ml destilliertem Wasser gelöst. Die Lösungen werden kurz vor Gebrauch im Verhältnis 1:1 gemischt und mit 500 ml Wasser und 100 ml Eisessig verdünnt. Cytisin als Vergleichssubstanz (0,1 g in 10 ml 1 n-HCl gelöst).

Papier. 4 Rundfilter (mittleres Papier) ⌀ etwa 11 cm, aus jedem Filter wird eine keilförmige Zunge ausgeschnitten, die in der Mitte verbunden bleibt und dort den Startpunkt zentral trägt (vgl. auch Abb. 12), Fließpapier.

Pflanzenmaterial. Etwa 50 Keimlinge von Datura ferox, in einer Pflanzschale mit Gartenerde angezogen, 10 Tage nach dem Auflaufen.

Zeitbedarf. Extraktherstellung: etwa 2 Std, Trennung: 1 Std.

Arbeitsvorschrift

a) Extraktgewinnung. Die von den Erdresten sorgfältig befreiten Keimlinge werden unterteilt in Wurzeln, Hypokotyl und Kotyledonen. Die Pflanzenteile werden in Porzellanschälchen im Trockenschrank bei 105° C 1 Std getrocknet. Das Pulver wird vorsichtig zwischen den Fingern zerrieben und dann so abgewogen, daß gleiche Mengen Trockengewicht je Organ, etwa 0,2 g, vorhanden sind. Jeder Probe wird so viel alkoholische Kalilauge zugefügt, daß eine gute Benetzung des Pulvers stattfindet. 5 min stehen lassen und dann mit 5 ml Chloroform ausschütteln. Der Chloroformextrakt wird in ein frisches Reagensglas filtriert und mit verdünnter Salzsäure ausgeschüttelt. Der salzsaure Extrakt wird abpipettiert, in ein frisches Reagensglas gegeben, mit Kalilauge alkalisiert und nochmals mit Chloroform ausgeschüttelt. Nach Trennung der Phasen ist der Chloroformextrakt frei von lipophilen Ballaststoffen und enthält die Alkaloide wieder in Basenform.

b) Trennprozeß. Die vorbereiteten Rundfilter werden in die Phosphatpuffer-Lösung eingelegt (etwa 30 sec) und dann zwischen Fließpapier getrocknet. Nach dem Antrocknen wird der Alkaloidextrakt der Organe auf die zentralen Startpunkte in Tropfen von 0,01 ml aufgetragen. Das Papier wird jedesmal vor dem Aufbringen des nächstens Tropfens mit Hilfe eines Föns getrocknet. Das 4. Chromatogramm erhält als Kontrolle nur 0,02 ml Cytisin-Lösung. Die so hergestellten Rundfilter-Chromatogramme werden zwischen die gleichgroßen Teile der Petri-Schalen gelegt und die Papierzunge in die untere Hälfte gebogen (Abb. 13). Diese enthält das Trennmittel n-Butanol, wassergesättigt.

c) Nachweis. Nachdem die Front des Fließmittels auf dem Papier den Schalenrand erreicht hat, wird die Trennung abgebrochen, und die herausgenommenen Rundfilter werden getrocknet.

Nunmehr wird jedes Chromatogramm mit dem Dragendorff-Reagens besprüht. Dabei treten die verschiedenen Alkaloide als konzentrische Ringe gefärbt auf.

Aufgaben

1. Wieviel verschiedene Alkaloide treten in den einzelnen Organen auf?
2. Versuche eine Identifizierung auf Grund der R_F-Werte und trage die gefundenen Fraktionen in die Tabelle 14 ein.

Tabelle 14

	R_F-Wert in wassergesättigtem n-Butanol	Wurzel	Hypokotyl	Kotyledonen
Cushhygrin	am Start			
Hyoscyamin	0,54			
Meteloidin	0,65			
Scopolamin	0,8			

Literatur

ROMEIKE, A.: Pharmazie **7**, 496—497 (1952). — Flora (Jena) **148**, 306—320 (1959).

Zwölfte Übung

Autoradiographie

Voraussetzung für die Ausführung dieser Übung ist, daß der Praktikant mit den allgemeinen Grundsätzen des Arbeitens mit Radioisotopen, den Gefahren sowie den erforderlichen Schutzmaßnahmen vertraut ist. Eine Verschleppung aktiver Substanz ist unbedingt zu vermeiden. Der Arbeitstisch ist mit Papier zu bedecken und dieses nach Beendigung der Arbeit zu entfernen. Alle mit aktiver Substanz in Berührung gekommenen Arbeitsgeräte (mit spezieller Etikette kennzeichnen) sind gesondert zu reinigen.

Arbeitsgeräte. Chromatographierkammer für aufsteigende Trennung (Abb. 1 oder 8), Erlenmeyer-Kolben mit Schliffstopfen 5 ml. Vollpipette 1 ml, Pipette 0,1 ml (in 0,001 ml unterteilt) und Peleus-Ball oder besser 0,01 ml-Mikropipette mit Kolbenspritze. Röntgenfilm (z. B. Agfa SSS klar, Adox Doneo), große Schalen für Entwickler und Fixierbad, lichtdichte Mappe zum Exponieren des Filmes (vgl. Abb. 27). Tesafilm, Schere, Lineal, Strahlungsmeßgerät.

Papier. 1 Streifen mittleres Papier 30 × 3 cm.

Chemikalien. Phenol p. a. oder frisch destilliert, konz. Ammoniaklösung, KCN, 0,1 n-HCl, Röntgen-Entwickler, saures Fixierbad.

Pflanzenmaterial. Algen-Protein-Hydrolysat-C14, zu beziehen von Radiochemical Centre, Amersham, Bucks., unter Code CFB. 25. 0,1 mC. Kosten etwa 13 £.

Zeitbedarf. Trennung: 18—24 Std, Exposition des Filmes: 24 Std.

Arbeitsvorschrift

a) Vorbereitung des Chromatogramms. Das Protein-Hydrolysat ist in 1 ml 0,1 n-HCl zu lösen. Davon werden 0,01 ml unter Verwendung eines Peleus-Balles oder einer Kolbenspritze auf den 2 cm vom Papierrand entfernten Startpunkt aufgetragen. (Niemals radioaktive Lösung mit dem Munde pipettieren!)

b) Trennprozeß. Die aufsteigende Trennung erfolgt mit Phenol-Wasser-0,5% NH_3, vgl. Übung 2 A.

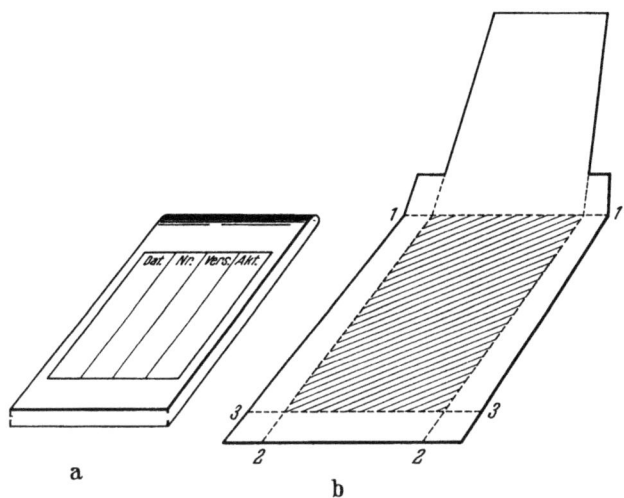

Abb. 27. a Mappe aus starkem Karton zum Exponieren der Röntgen-Filme zusammen mit dem Chromatogramm. b Bogen aus schwarzem Papier zum Einkleben (schraffierter Teil) in die Karton-Mappe. Nach dem Einlegen von Chromatogramm und Film wird das Papier entlang der gestrichelten Linien in der Reihenfolge 1, 2, 3 eingefaltet

c) Autoradiographie. Die mit ^{14}C markierten Aminosäuren des Protein-Hydrolysates werden nach der Trennung durch Autoradiographie lokalisiert. Dazu wird der Chromatogrammstreifen in engem Kontakt mit einem Röntgenfilmstreifen in einer lichtdichten Mappe (Abb. 27) 24 h lang exponiert. Um die spätere Zuordnung von Film und Chromatogramm zu ermöglichen, werden die schmalen Enden der Streifen mit Tesafilm zusammengehalten und die beiden Längsseiten von Film und Papier durch insgesamt 3 kleine V-förmige Einschnitte gekennzeichnet. Mit Bleistift kann am Filmrand die Beschriftung des Chromatogramms vermerkt werden. Nach dem

Exponieren wird 5 min lang in einem Röntgenfilm-Entwickler entwickelt. Bei der Verwendung von Schalen zur Entwicklung ist der Film, der auf beiden Seiten Emulsion trägt, häufig zu wenden. Anschließend wird 30 min lang fixiert und etwa 1 Std lang gewässert. Das Trocknen des Filmes kann im Trockenschrank bei 60° beschleunigt werden. Dunkelkammer-Beleuchtung: rotbraun, z. B. Osram 4553.

d) Quantitative Auswertung. Der Papierstreifen wird vom Startpunkt aus in 1 cm breite Abschnitte parallel zur Startlinie zerschnitten und diese nach der Entfernung vom Startpunkt bezeichnet. Mit Hilfe eines Geiger-Müller-Zählers mit dünnwandigem Fenster oder mit einem Methan-Durchflußzähler wird die Aktivität in Imp./min für jeden Abschnitt bestimmt.

Aufgabe

Trage die Aktivität (Ordinate) in Abhängigkeit von der Entfernung vom Startpunkt (Abszisse) in Form eines Blockdiagramms auf.

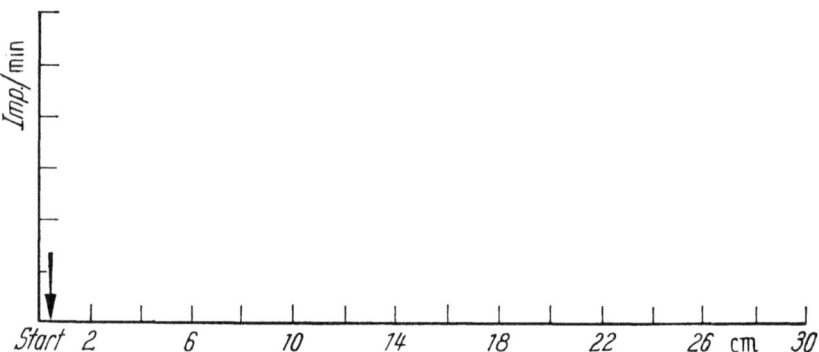

Anmerkung. Wenn die Einrichtungen zur Entwicklung großer Röntgenfilme zur Verfügung stehen, kann die Übung auch an zweidimensionalen Chromatogrammen durchgeführt werden. Die Trennung erfolgt dann nach Übung 3. Für die Herstellung der Autoradiographie werden die Papierbogen 60 × 58 cm um die Filme 36 × 36(42) cm eingeschlagen. Mit Hilfe eines Durchleuchtkastens werden die radioaktiven Flecken auf dem Papier umrandet.

Literatur

BENSON, A. A. u. Mitarb.: J. Amer. Chem. Soc. **72**, 1710 (1950). — MAURER, W. u. Mitarb.: In: Handbuch der physiologischen und pathologischchemischen Analyse, Bd. II, S. 594. Berlin-Göttingen-Heidelberg 1955.

Betr.: **Spezialpapiere für die Papierchromatographie**

Die nachstehend alphabetisch aufgeführten Firmen, Lieferanten und Hersteller von Spezialpapieren für die Papierchromatographie, stellen gegen Zusendung des unten anhängenden Gutscheines ohne Berechnung eine **Kollektion von Papiermustern** zur Verfügung.

J. C. BINZER, Vertriebsgesellschaft m. b. H., Hatzfeld/Eder „Ederol"-Papier.

MACHEREY, NAGEL & CO., Düren, Schließfach 307, „MN"-Papier.

C. SCHLEICHER & SCHÜLL, Dassel, Kr. Einbeck, „Selecta"-Papier.

H. REEVE ANGEL & CO., Ltd. London EC 4, 9 Bridewell-Place, „Whatman"-Papier.

Interessenten werden gebeten, den angefügten Gutschein in BLOCKSCHRIFT deutlich auszufüllen und in freigemachtem Umschlag an eine der oben genannten Firmen zu senden.

Hier abtrennen

An die Firma ─────────────────────

in ─────────────────────

Ich bitte um die kostenlose Überlassung einer Mustersammlung Ihrer Chromatographie-Papiere zur Durchführung des

„Praktikum der Papierchromatographie"
(Springer-Verlag, Berlin · Göttingen · Heidelberg 1960).

Versandanschrift (in BLOCKSCHRIFT)

─────────────────────────────────────

─────────────────────────────────────

Ort ──────────────   Hochachtungsvoll

Datum ──────────────   ─────────────────
                          (Unterschrift)

MIX
Papier aus verantwortungsvollen Quellen
Paper from responsible sources
FSC® C105338

If you have any concerns about our products,
you can contact us on
ProductSafety@springernature.com

In case Publisher is established outside the EU,
the EU authorized representative is:
**Springer Nature Customer Service Center GmbH
Europaplatz 3, 69115 Heidelberg, Germany**

Printed by Libri Plureos GmbH
in Hamburg, Germany